城市轨道交通高技能人才培训系列教材——维修类

安全门维护员

ANQUANMEN WEIHUYUAN

宁波市轨道交通集团有限公司运营分公司 ⓒ 编

西南交通大学出版社
·成 都·

图书在版编目（ＣＩＰ）数据

安全门维护员 / 宁波市轨道交通集团有限公司运营
分公司编. —成都：西南交通大学出版社，2017.9
城市轨道交通高技能人才培训系列教材. 维修类
ISBN 978-7-5643-5497-8
Ⅰ. ①安… Ⅱ. ①宁… Ⅲ. ①安全门 – 维修 – 技术培
训 – 教材 Ⅳ. ①TU228
中国版本图书馆 CIP 数据核字（2017）第 134367 号

城市轨道交通高技能人才培训系列教材——维修类

安全门维护员

宁波市轨道交通集团有限公司运营分公司　编

责 任 编 辑	柳堰龙	
封 面 设 计	何东琳设计工作室	
	西南交通大学出版社	
出 版 发 行	（四川省成都市二环路北一段 111 号	
	西南交通大学创新大厦 21 楼）	
发行部电话	028-87600564　028-87600533	
邮 政 编 码	610031	
网　　　址	http://www.xnjdcbs.com	
印　　　刷	成都中铁二局永经堂印务有限责任公司	
成 品 尺 寸	210 mm × 285 mm	
印　　　张	7	
字　　　数	210 千	
版　　　次	2017 年 9 月第 1 版	
印　　　次	2017 年 9 月第 1 次	
书　　　号	ISBN 978-7-5643-5497-8	
定　　　价	28.00 元	

编审委员会

◆ 本书编写人员 ◆

主　　编　黄　鹏　吴　昊

副　主　编　何海鹏　王炳涛

参　　编　尹金秋　蒋　琨　王　宁　上官王请　陈海峰

　　　　　缪弘程　孙家荣　龚　琦　周照明

序

宁波市轨道交通集团有限公司运营分公司成立于 2012 年 7 月 30 日，主要负责宁波轨道交通运营管理、列车运行、控制监督、员工培训及对土建设施、车辆和运营设备的保养、维修等工作。截至目前，宁波轨道交通 1 号线、2 号线一期运营已成"十"字骨架型结构，运营里程 74.5 千米。根据宁波市人民政府《转发国家发展改革委<印发国家发展改革委关于宁波市轨道交通近期建设规划（2013—2020 年）的通知>的通知》（甬发改交通〔2013〕538 号），2020 年宁波轨道交通线网将建成 5 条线，线网规模达 171.6 千米；远景线网在 2020 年网络的基础上进一步形成环线，增加射线和快线，呈"一环两快七射"的布局结构，线网规模达 409 千米。

运营人才是宁波轨道交通安全运营和可持续发展的第一要素。随着宁波轨道交通运营里程的快速增长，至 2020 年运营员工人数将从现在的 3 000 多人增加到万人以上。运营人才的数量和质量问题日渐突出，亟待解决。国家发展和改革委员会、教育部、人力资源和社会保障部在《关于加强城市轨道交通人才建设的指导意见》（发改基础〔2017〕74 号）中指出，企业在人才培养工作中负有主体责任，要强化人才建设规划引领、健全人才培养标准体系。宁波轨道交通作为行业"新兵"，近年来在运营技能人才培养工作中进行了大胆实践和创新。2014 年宁波市轨道交通集团有限公司运营分公司以电客车司机岗位为试点开发了包含素质模型、胜任力建设、岗位标准、培训标准、技能评价方案的人力资源管理体系，并配套编制了培训教材和技能培训视频。2015年开发工作以点带面覆盖到全部一线技能岗位。开发成果经专家评审，被宁波市科学技术局登记为宁波市科学技术成果。2016 年，在前期开发成果的应用实践和效果评价基础上，按照"系统化分析、颗粒化分解、结构化重构"的指导思想，宁波市轨道交通集团有限公司运营分公司完善和优化了岗位业务模型、形成了基于业务模型的育人标准，以及"模块化、任务型"工作体系的培训教材、试题库和微课等。

城市轨道交通运营人才培养是一项系统工程，不仅需要科学规划、统一标准、完善体系，更需要考虑当前员工年轻化的特点，利用互联网在线学习、手机端移动学习技术，构建覆盖宁波轨道交通运营主要技能岗位的线上、线下相结合的立体化培训课程资源体系。依托工作岗位、实训基地，通过在实践中学习、在学习中实践的螺旋发展，不断提升培训的有效性。上述课程已在宁波轨道交通运营分公司技能员工的岗前培训、"订单班"学员实习以及承接国内其他轨道交通员工技能培训工作中得到应用并取得了良好的成效。本套"城市轨道交通高技能人才培训系列教材"的编写得到了浙江省轨道交通建设与管理协会赵彦年会长以及天津、杭州、青岛、无锡等国内轨道交通同行专家的指导和帮助，北京华鑫智业管理咨询有限公司为教材出版提供了技术支持。

　　宁波轨道交通开通试运营时间不长，在教材编写中难免会存在不足。同时，本套教材是基于宁波轨道交通运营设施设备和运营管理流程编写的，由于不同城市轨道交通所用的车辆、信号系统等不同，运营管理模式、一线员工岗位职责也有所差异，本套教材仅供国内同行参考，请同行专家提出宝贵意见。希望本套教材的出版不仅能够加快推进宁波轨道交通"选、育、用、留"一体化人力资源管理体系的建设，也能为中国城市轨道交通发展和运营人才培养工作尽一份绵薄之力。

宁波市轨道交通集团有限公司
党委副书记　副董事长　总经理
2017 年 7 月

　　本书是宁波市轨道交通集团有限公司运营分公司组织编写的"城市轨道交通高技能人才培训系列教材——维修类"中的一本，全书由 3 部分组成：业务模型、培训教材、育人标准。

　　业务模型包括业务模块、工作事项、业务活动 3 个层级，广泛应用于宁波轨道交通一线员工的工作分析，是理解和分析岗位工作流程的重要方法和工具。

　　本书基于安全门维护员业务模型，通过对其技能要求、知识和规章要求、培训方法及课时、经验要求的定性和定量描述，建立了安全门维护员育人标准。同时，根据项目教学法，按照"模块""任务"结构编写了相应的培训教材。

　　本书用于宁波轨道交通安全门维护员岗前培训及在岗培训，也可作为其他城市轨道交通企业员工、大中专院校学生的培训和学习教材，或供其他相关人员学习参考。书中还有一些与教材配套的数字化资源，通过扫描封面二维码，可以获得更丰富的内容。

编　者
2017 年 6 月

目录 CONTENTS

安全门维护员初级业务模型

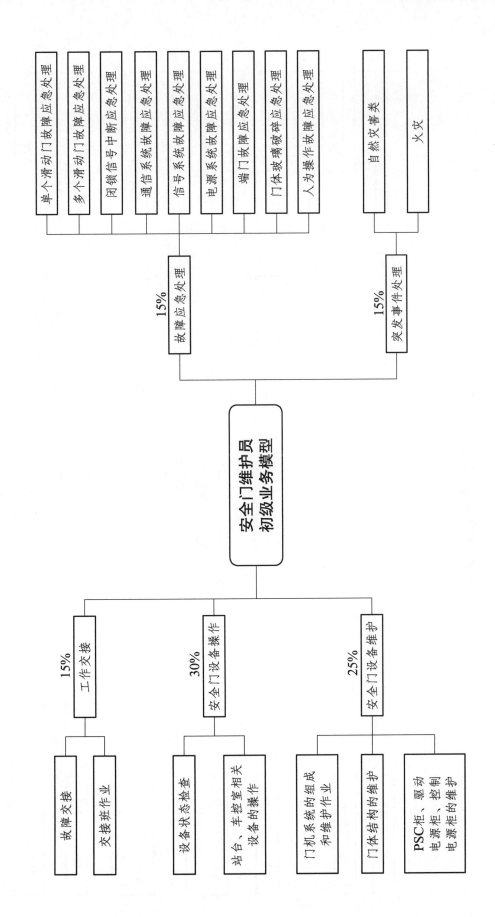

安全门维护员中级业务模型

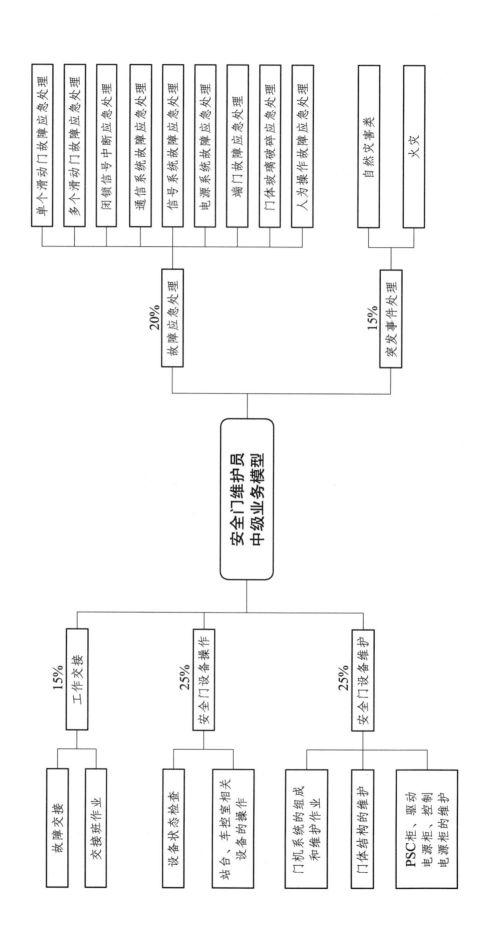

模块一 工作交接

案例导学

小明刚参加安全门维护员工作，通过一段时间的学习、观察，初步掌握了安全门值班的工作内容。有一天，工长王某把小明叫到面前，问道："我们交接班主要有哪些内容啊？"小明回忆起前段时间值班培训，把大概内容给王工长背了一遍。王工长一边点头认同，一边又问："如果你在值班的过程中接到故障通知，知道该如何处理吗？"此时小明显得没有头绪了。那么，安全门工班日常值班到底需要掌握哪些内容呢？值班过程中遇到故障该如何处理及汇报呢？以上的问题可以通过学习本模块得到解决。

学习目标

（1）熟悉故障交接相关事项。
（2）熟悉交接班时需要交代的事项。

技能目标

（1）能做到下班不早退、上班不迟到。
（2）能清楚故障处理现场情况，并填写相关台账。
（3）能认真填写交接班台账，交班人对接班人汇报安全门设备状态、有无问题或故障遗留。
（4）能知道材料间及工班工器具是否齐全。

任务一 故障交接

相关知识

故障交接是安全门维护员日常工作的一项重要交接工作，要求交接班人员能描述故障概况、PSA上的故障显示是什么、故障处理是否完成、未完成的故障处理进行到哪一阶段、故障登记本能否填写清楚、故障的原因能否定性，故障消耗耗材出入库是否有登记记录。

任务实施

（1）故障发生的时间、地点、故障现象。
（2）故障是否查出原因、是否及时回复闭环。
（3）故障登记情况（纸质版、耗材）。
注意事项：故障信息未交接双方不得离岗；故障原因未查明不得交接班。
专家提醒：自己找到故障原因才能印象深刻，有助于个人独立分析故障能力的提高。

 **任务评价**

根据以上学习内容，评价自己对本任务内容的掌握程度，在下表相应空格里打"√"。

评价内容	差	合格	良好	优秀
对现场故障现象的熟悉程度				
对故障是否查出原因及对回复闭环的熟悉程度				
对故障的登记情况的熟悉程度				
学习中存在的问题或感悟				

任务二　交接班作业

 相关知识

日常工作交接是安全门维护员日常工作的一项重要工作，要求交接班人员查看施工作业令并按照作业令要求填写检修记录本、记录各种问题缺陷、记录各种作业完成情况、保存好各种电子版记录、查看工作日志填写、通信工具清点，遗留问题继续跟进情况，查看工器具出入库记录台账。

 任务实施

（1）工班工器具、钥匙是否清点齐全。
（2）值班时每日工作、任务完成情况。
（3）值班过程中遇到的问题，是否有记录。
（4）提醒班组成员各类台账、文件需轮阅补签。
注意事项：每天交接的事项相互提醒能有效降低工作事项的遗漏。
专家提醒：交班人员在接班人到达之前提前梳理今天的工作内容，有助于工作交接的顺利进行。

 任务评价

根据以上学习内容，评价自己对本任务内容的掌握程度，在下表相应空格里打"√"。

评价内容	差	合格	良好	优秀
工班工器具、钥匙是否清点				
每日工作完成的进度				
值班中遇到的问题是否有记录				
是否提醒接班人员台账、文件轮阅签字				
学习中存在的问题或感悟				

模块训练

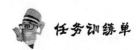 **任务训练单**

班级：　　　　　　　　姓名：　　　　　　　　训练时间：

任务训练单	工作交接的相关内容
任务目标	熟悉故障交接的流程，熟悉交接班需要交接的事项，能独立完成所有交接班
任务训练	请从下列任务中选择其中的两个进行训练：故障的交接事项、交接班需要交接的事项

任务训练一

（说明：总结作业流程，并在作业现场进行实操训练或者上机在模拟软件上完成实操训练）

任务训练二

（说明：总结作业流程，并在作业现场进行实操训练或者上机在模拟软件上完成实操训练）

任务训练的其他说明或建议：

指导老师评语：

任务完成人签字：　　　　　　　　　　　　　日期：　　年　　月　　日

指导老师签字：　　　　　　　　　　　　　　日期：　　年　　月　　日

模块小结

本模块讲述了安全门故障交接和交接班作业的主要内容及相关台账的填写。

通过本模块的训练，要求安全门维护员掌握故障交接，能在交接班作业时检查并核实当班工作完成情况、遗留故障和问题闭环情况，并会正确填写故障跟踪记录和交接班工作记录本。

 **模块自测**

一、填空题

1. 安全门维护员故障的交接内容是：故障（　　　　　　　　）、故障（　　　　　　　　）、故障（　　　　　　　　）。

2. 安全门维护员交接班作业需做到：（　　　　　　　　）齐全，（　　　　　　　　）完成情况，（　　　　　　　　）需要有记录，需要提醒班组成员（　　　　　　　　）。

二、简答题

1. 故障交接的三个事项是什么？

2. 交接班作业需要交接的四个内容是什么？

模块二　安全门设备操作

案例导学

小明刚从学校毕业来宁波地铁上班，分配的岗位是安全门维护员。在即将到来的工作中将面对安全门专业的各种设备的基础操作，比如设备状态检查、站台 PSL、LCB 操作、车控室 IBP 操作等。对于这些设备的操作方法，需要完成哪些工作呢？以上的问题可以通过学习本模块得到解决。

学习目标

（1）熟悉屏蔽门/安全门设备状态的检查项目和要求。
（2）熟悉屏蔽门/安全门设备操作方法。

技能目标

（1）能够掌握如何检查设备运行状态。
（2）能够熟练操作安全门设备。

任务一　设备状态检查

 相关知识

安全门设备在日常运行中，每日需对设备运行环境极其运行状态进行巡视确认，以便及时发现隐患，及时处理，把故障隐患消灭在萌芽状态，保障设备不"带病"运行。如果隐患具有普遍现象，需及时制订整改措施和整改计划。设备状态检查的终极目标就是保证设备在符合要求的环境中运行，时刻保持良好的运行状态，并能在发生异常时给出正确异常报警提示。

表 2-1 为设备状态检查项目和要求。

表 2-1　设备状态检查

序号	设备	检修工作内容	
		项目	要求
1	设备房	检查设备房门锁及门禁	门、锁完好、门禁正常使用
		检查机房顶、门窗、墙体外观状况、机柜表面及地板	无漏水、门窗关闭、无异响、无异味、无杂物、无灰尘
		检查机房温湿度	温度范围 15～28 ℃，湿度范围 30%～75%
		检查设备房安全标志标识情况	安全标志齐全、清晰

续表

序号	设备	检修工作内容	
		项目	要求
2	PSC 柜	检查设备柜风扇运行	风扇运行正常、无噪声
		检查 PSC 设备柜内各开关元器件外观	设备柜内各开关元器件外观整齐无损
		检查指示灯	各指示灯功能正常，指示状态显示正确
		检查报警情况	无报警
		检查 PSA 电脑主机、显示器运行情况	PSA 电脑主机、显示器运行正常
		检查 PSA 状态显示	能够正确显示屏蔽门状态
3	驱动电源柜	检查设备柜风扇运行	风扇运行正常、无异常噪声
		检查所有空开状态	各空开处于正常合闸状态
		检查驱动电源柜内各开关元器件外观	外观整齐无损
		检查各仪表读数	读数在正常范围内（52±1）
		检查指示灯、显示屏	指示灯、显示屏正常、无报警
4	控制电源柜	检查设备柜风扇运行	风扇运行正常、无异常噪声
		检查所有空开状态	各空开处于正常状态
		检查设备柜内各元件外观	外观整齐无损
		检查各仪表读数	读数在正常范围内（24±3）
		检查蓄电池外观	无凹陷、无爆裂、无漏液、无鼓胀、无腐蚀现象、无异味
		检查蓄电池接线	接线完好、无碳化现象
		检查指示灯	指示灯正常显示
5	双电源切换箱	检查双电源供电情况	查看双电源切换箱 1 路、2 路供电情况，并做好记录
		检查柜内显示面板的状态	显示面板显示正常，无报警
		检查柜内各空开位置状态	查看柜内各空开处于正确分合位置，无跳闸
6	激光	检查激光控制箱指示灯	各指示灯功能正常，指示状态正确、无报警
7	门机	检查顶箱外观	外观完整、顶箱正常关闭
8	就地控制盘（PSL）	检查 PSL 外观	PSL 上各元件外观完整
		检查各指示灯运行状态	指示灯正常、指示正确
		检查 PSL 安装情况	安装牢固可靠，无松动、无偏移
9	滑动门	检查滑动门外观状态	开关正常，无摩擦，门头灯正常指示正确
10	应急门	检查应急门状态	外观完整无损，门关闭锁紧、指示正确
11	端门	检查端门开关及推杆	能正常开关，推杆牢固无松动
		检查端门状态指示灯	门开启时常亮，门关闭时熄灭

 **任务实施**

一、检查流程（图 2-1）

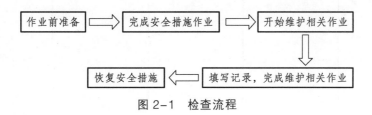

图 2-1 检查流程

二、检查注意事项

随身携带检查所需工器具，检查一项记录一项，如有异常及时处理、上报并做好日志记录，若一时无法解决，需在采取有效的防护措施后再离开。

 **任务评价**

根据以上学习内容，评价自己对本任务内容的掌握程度，在下表相应空格里打"√"。

评价内容	差	合格	良好	优秀
设备房相关项目检查				
PSC 柜、驱动电源柜、控制电源柜项目				
滑动门、端门检查项目				
PSL、激光系统检查项目				
学习中存在的问题或感悟				

任务二 站台、车控室相关设备的操作

 相关知识

安全门系统控制模式：安全门系统应可实现系统级控制、站台级控制、手动操作三级控制模式。三种控制模式以手动操作优先级最高，系统级最低。

安全门 5 种控制方式优先级从高到低：手动操作—LCB 控制—IBP 控制—PSL 控制—信号系统控制。

一、信号系统控制方式下信号传递流程（图 2-2）

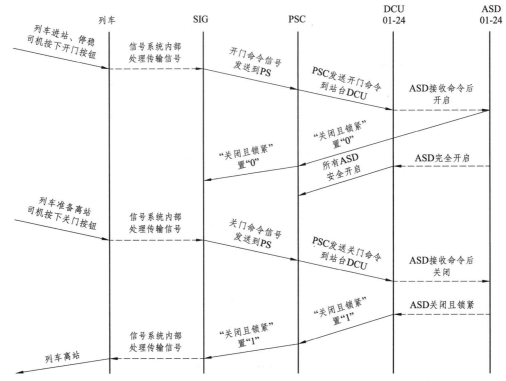

图 2-2　信号控制命令传递图

二、PSL 控制方式下信号传递流程（图 2-3）

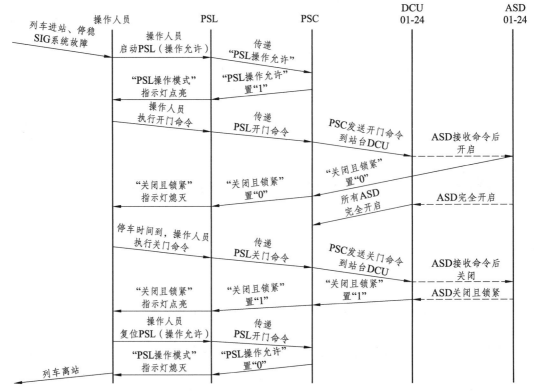

图 2-3　PSL 控制命令传递图

三、IBP 控制方式下信号传递流程（图 2-4）

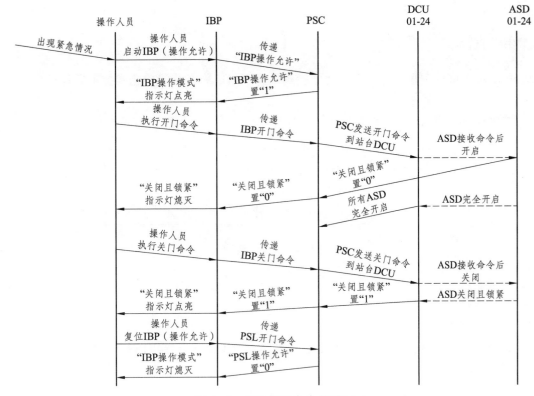

图 2-4　IBP 控制命令传递图

四、LCB 控制方式下信号传递流程（图 2-5）

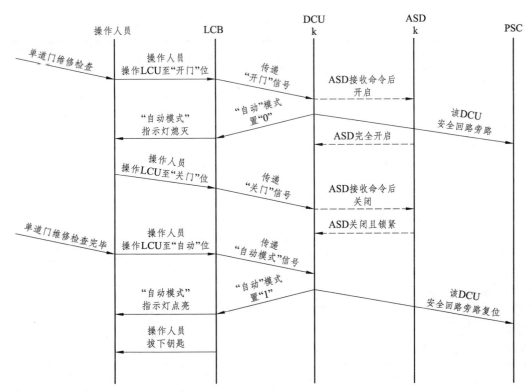

图 2-5　LCB 控制命令传递图

 任务实施

一、作业目的

明确 PSD 功能检查作业步骤，避免功能检查作业不当造成安全门功能维护不到位。

二、作业程序（图 2-6）

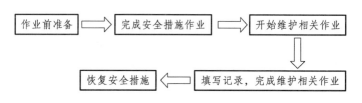

图 2-6 作业流程

三、作业准备

（一）作业前准备工作

安全门维修人员在进行功能检查作业之前应将 A2 施工令在车控室向行调申请批点，在获得批准后，方可进行作业。

（二）检修的人员、工器具准备

1. 人员准备

表 2-2 为项目及人员数量。

表 2-2 项目及人员数量

序号	项目	单位	数量	备注
1	设备功能检查	人	2	

2. 工器具准备

表 2-3 为工器具清单。

表 2-3 工器具清单

名称	数量（单位）
IBP 钥匙	1 把
PSL 钥匙	1 把
LCB 柜钥匙	1 把
3 m 人字梯	1 把
计时表	1 块
4 mm×50 mm 板块	1 块

3. 主要耗材准备

不需要耗材。

四、安全措施

（1）维护人员配带好劳保用品。

（2）维护人员应严格按照作业指导书作业步骤进行。

（3）两人作业时需相互协调计划好，谨防意外事故发生。

（4）作业结束后，检查 IBP、PSL 和 PSC 是否恢复原状态；

五、作业内容

（一）车控室 IBP 操作及功能检查流程

（1）按"灯测试"按钮，检查 IBP 上所有灯是否亮起。

（2）用 IBP 钥匙转动钥匙开关到"IBP 允许"位置，"IBP 有效/IBP 手动"指示灯亮起。

（3）按"开门"按钮，门打开，门上方开门指示灯亮起，当全部滑动门打开，"关闭且锁紧"指示灯在 IBP 上熄灭。

（4）按"关门"按钮，门关闭，当全部门关闭锁定，"关闭且锁紧"指示灯亮起，滑动门"开门到位"指示灯熄灭，相应门打开指示灯熄灭。

（5）转动钥匙开关到"自动"位置。

（二）站台 PSL 操作及功能检查流程

（1）按下"灯测试"按钮检查 PSL 面板上指示灯是否亮起，如图 2-7 所示。

图 2-7　PSL 操作盘

（2）转动钥匙开关到"PSL 操作允许"位置，"PSL 操作运行/PSL 操作允许"指示灯亮起。

（3）按"开门"按钮，相应门打开，并且"关闭且锁紧"绿色指示灯灭。门打开指示灯亮起。

（4）按"关门"按钮，全部门关闭锁定，"关闭且锁紧"指示灯亮起。门锁定后，门上方相关的门打开指示灯熄灭。

（5）转动"互锁解除"钥匙开关并保持 2 s，"互锁解除"指示灯亮起后松开钥匙开关，开关自动返回到原位置，延时 120 s（时间可调）后，互锁解除指示灯熄灭。

（6）转动"PSL操作允许"钥匙开关到"自动"位置。

（7）激光功能测试，不需要"PSL操作允许"打到"手动"位置。

（三）站台LCB操作及功能检查

（1）打开侧面与中间顶盖板活动面板（图2-8）。

图2-8 盖板

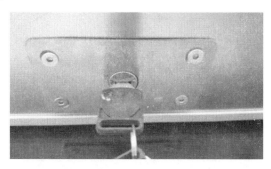

图2-9 LCB

（2）操作LCB开/关门命令，用计时表检查运行时间是否在允许范围内：开门时间为（3±0.2）s，关门时间（3.5±0.2）s。

（3）检查门机在活动期间是否无明显摩擦或异音，门锁运行正常。

（4）检查门在顶端停靠点是否有重撞击声。

（5）根据门开关状态，检查门指示灯。

（6）如果（3）、（4）、（5）异常，则进行处理。

（7）LCB操作手动开门（图2-9），在门踏板上方1 m高处插入一个4 mm×50 mm板块，启动关门，用计时表核实有3 s时间不被供电，门自动打开，移开板块，核实门体在第二次尝试关门后成功关闭且锁紧。

（8）再次操作LCB开门，启动关闭命令运行故障探测，DCU运行3次连续关闭循环，3次关闭循环后让门体处于无供电状态。

（9）如果（7）、（8）异常，连接检查软件，进行参数检查，如有错误，则重新设置参数。

（10）如有必要，替换损坏的DCU。

（11）手动关闭并锁定门体，LCB打到"自动"位置。

六、作业结束

作业完成后，由施工负责人对设备状态确认，检查工器具及物料出清情况。

 任务评价

根据以上学习内容，评价自己对本任务内容的掌握程度，在下表相应空格里打"√"。

评价内容	差	合格	良好	优秀
车控室IBP操作方法和功能检查				
站台PSL操作方法和功能检查				
站台LCB操作方法和功能检查				
学习中存在的问题或感悟				

模块训练

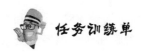 任务训练单

班级： 姓名： 训练时间：

任务训练单	设备操作相关内容
任务目标	熟悉屏蔽门/安全门设备状态的检查项目和要求；熟悉屏蔽门/安全门设备操作方法
任务训练	请从下列任务中选择其中的两个进行训练：PSL 操作和功能检查、LCB 操作和功能检查、IBP 操作和功能检查

任务训练一
（说明：总结作业流程，并在作业现场进行实操训练或者上机在模拟软件上完成实操训练）

任务训练二
（说明：总结作业流程，并在作业现场进行实操训练或者上机在模拟软件上完成实操训练）

任务训练的其他说明或建议：

指导老师评语：

任务完成人签字： 日期： 年 月 日
指导老师签字： 日期： 年 月 日

模块小结

　　本模块讲述了屏蔽门/安全门设备状态检查和车控室 IBP 操作和功能检查、站台 PSL 操作和功能检查、LCB 操作和功能检查。主要从作业目的、作业程序、作业准备、安全措施和作业内容分五块进行了详细描述，从而使安全门维护员能够掌握屏蔽门/安全门设备状态检查方法、设备操作方法以及相关设备知识。

 模块自测

　　1. 列举 6 项设备状态检查项目及要求。
　　2. 屏蔽门/安全门系统控制分为几级？控制优先级如何？
　　3. 简述 IBP 操作及功能检查。
　　4. 简述 PSL 操作及功能检查。

模块三 安全门设备维护

案例导学

小明刚从学校毕业来宁波地铁上班，分配的岗位是安全门维护员。在即将到来的工作中将面对安全门专业的各种设备，比如门机系统、门体机构、电源柜和控制柜等。对于这些设备的维护，需要完成哪些工作呢？以上的问题可以通过学习本模块得到解决。

学习目标

（1）掌握门机系统的结构组成和维护内容。

（2）了解激光探测设备的系统组成。

（3）掌握 PSL 和 IBP 的组成和维护内容。

（4）熟悉 PSC 柜、驱动电源柜、控制电源柜的系统组成并掌握其维护内容。

（5）掌握门体结构组成和维护内容。

（6）掌握其他设备维护内容。★

技能目标

（1）能够熟练完成门机系统的维护作业。

（2）能够熟练完成 PSC 柜、驱动电源柜、控制电源柜的维护作业。

（3）能够熟练完成门体结构的维护作业。

（4）能够熟练完成其他设备的维护作业。★

任务一 门机系统的组成和维护作业

相关知识

一、1号线和2号线门机系统分布统计

1号线：一期共 20 座车站，其中安装了屏蔽门的地下站 15 座，安装了半高门的高架站 5 座；二期安装了全高门的地下站 1 座，半高门高架站 8 座。1 号线 29 座车站全部采用齿形同步带的传动方式。

每座车站有 48 套门机系统。全高门门机系统总计 48×16=768 套，半高门门机系统总计 48×13=624 套。

2号线：一期安装了全高门的地下站 18 座，半高门的高架站 4 座。2 号线一期 18 个地下站采用丝杆螺旋副传动方式，4 个高架站采用齿形同步带传动方式。

每座车站有 48 套门机系统。全高门门机系统总计 48×18=864 套，半高门门机系统总计 48×4=192 套。

二、门机系统的组成

全高门门机系统装设在门本体结构的顶箱内，主要由驱动装置、传动装置、门锁结构、行程开关、门控单元DCU等组成，如图3-1所示。

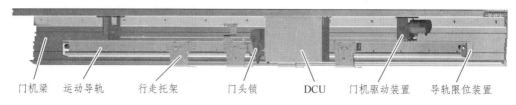

门机梁　运动导轨　　行走托架　　门头锁　　　DCU　　门机驱动装置　导轨限位装置

图3-1　门机系统示意图

（一）门体悬挂装置

门体运动载体，能够实现门体上下左右方向微调，使得现场安装方便、迅捷，门体运动平稳，运动阻力小。同时能够实现门体与整个系统等电势要求。

（二）驱动装置

采用直流无刷电机装置作为动力源，此电机具有可靠性高，免维护，集成译码器和霍尔传感器（冗余），高转矩，低转速，减小故障开门力的功能，如图3-2、图3-3所示。

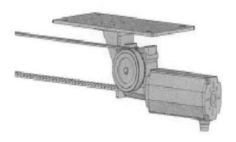

图3-2　驱动电机

图3-3　传动装置

（三）传动装置

（1）采用齿型同步带传动，由一条同步带与两个同步轮系统组成。

齿型同步带传动的特点：易安装、维护和调节；低维护（无需润滑）；实用性强；低更换成本。

（2）采用丝杆螺旋副传动，由两根丝杆与四个球状螺母系统组成。

丝杆螺旋副传动的特点：保证门扇直线运动，运动平稳；低噪音；传动效率高＞90%，可靠性强。

半高门门机系统（图3-4）装设在固定侧盒、滑动门门体的下端，主要由驱动装置、门锁装置、门控单元DCU、传动装置等组成。

半高门机系统机械装置原理图如图3-5所示。

DCU

锁紧装置

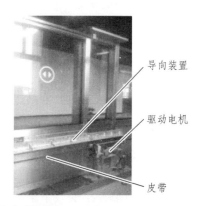

导向装置

驱动电机

皮带

图3-4　半高门门机系统

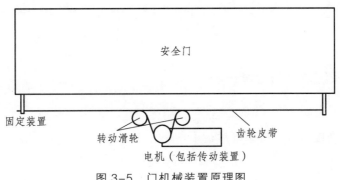

图3-5 门机械装置原理图

三、门机系统的修程

(一) 全高门门机系统维修规程 (表3-1)

表3-1 全高门门机系统维修规程

设备	修程	检修工作内容	
		项目	要求
全高门机系统	保养	门机系统除尘	表面无明显灰尘
		检查驱动机构和传动机构	电机无异常噪音、无漏油，电机、球状轴承、终端轴承固定件拧紧，线缆和端子无损坏
		检查驱动螺母	无异常运行、摩擦或磨损、异音
		检查门机系统导轨	导轨上无异物
		检查滑动门滚轮外观、转动	外观完好、转动灵活
		检查端子区	电线连接牢固无松脱、破损
		检查锁闭单元-锁闭机构	驱动叉动作正常，固定件拧紧
		检查锁闭单元-行程开关	行程开关固定螺丝拧紧，开关臂支撑拧紧，接线插口完好
		检查盖板支撑和锁钩	盖板支撑铰链完好，两端固定牢固；锁钩完好，固定牢固
		检查门控单元（DCU）各连线	接线插接口和连接线牢固无松脱、破损
		就地控制盒（LCB）检查	LCB安装牢固、无偏移，各挡位功能正常

(二) 半高门门机系统维修规程 (表3-2)

表3-2 半高门门机系统维修规程

设备	修程	检修工作内容	
		项目	要求
半高门机系统	保养	检查门机系统	表面无明显灰尘、内部结构完整
		检查电机	开关门时无异常噪音、无漏油、接线端头紧固
		检查门控单元（DCU）各连线	接线端子和连接线无松脱、破损
		检查电磁阀	动作顺畅、无延迟
		检查行程开关	行程开关安装牢固，触头开合正常，接线端头完好
		检查皮带和带牙	无弯曲变形、刮花
		就地控制盒（LCB）检查	LCB安装牢固、无偏移，各挡位功能正常
		检查皮带安装情况	安装牢固、无偏移

 **任务实施**

一、全高门门机系统清洁与检查维护

（一）作业目的

避免因门机检查不到位造成门机系统运行不良。

（二）作业流程（图 3-6）

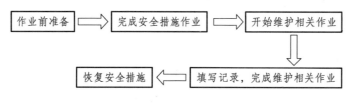

图 3-6 作业流程

（三）作业内容及标准

1. 作业前准备工作

安全门维修人员在进行安全门设备清洁作业之前应将 A2 施工令在车控室向行调申请批点，在获得批准后，方可进行作业。

2. 检修的人员、工器具准备

1）人员准备（表 3-3）

表 3-3 项目及人数

序号	项目	单位	数量	备注
1	安全门维护员	人	2	

2）工器具准备（表 3-4）

表 3-4 工器具清单

名 称	数 量（单位）
专用钥匙	1 套
3 m 人字梯	1 把
开口两用扳手	1 套
毛刷	1 把
螺丝批组	1 套

3）主要耗材准备（表 3-5）

表 3-5 作业材料

名 称	数 量（单位）
无纺布	2 张

（四）安全措施

（1）维护人员配带好劳保用品。

（2）维护人员应严格按照作业指导书作业步骤进行。

（3）两人作业时需相互协调计划好，谨防意外事故发生。

（4）作业结束后，检查材料使用余留，相关设备状态正常。

（五）作业内容

（1）打开侧边与中间顶盖板活动面板（图 3-7）。

（2）操作 LCB 开关打到"隔离"位置（图 3-8）。

图 3-7 盖板　　　　　　　　　　图 3-8 LCB 开关

（3）检查支撑杆停靠处于理想状态，支撑杆状态良好，支撑杆与横梁和盖板连接完好（图 3-9）。

图 3-9 盖板支撑　　　　　　　　图 3-10 电机固定

（4）检查电机与轴承固定件是否紧固（图 3-10）。

（5）检查终端轴承与固定件是否紧固（图 3-11）。

图 3-11 轴承固定

（6）检查驱动螺母组装：核实无异常运行、摩擦或磨损。

（7）检查连接臂是否完好。

（8）检查电机板固定件，接线与端子是否无损坏。

（9）核实驱动叉上模块钉与垫片状态（图 3-12）。

（10）核实铠装电缆塑料套是否完好（图 3-13）。

图 3-12 模块钉与垫片   图 3-13 DCU

（11）检查 DCU 固定件是否拧紧（图 3-13）。

（12）检查端子区域，确保线缆连接良好（图 3-14）。

（13）操作 LCB 打到"自动"位置（图 3-15）。

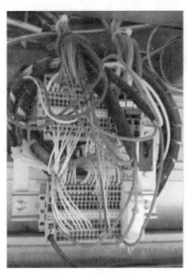

图 3-14 端子排   图 3-15 LCB 开关

（六）作业结束

作业完成后，盖好盖板并锁定，确认清洁工器具出清。以下门机步骤相同。

二、全高门门机系统驱动螺栓润滑维护

（一）作业目的

避免驱动螺栓在运作时因润滑不足造成机械损伤。

（二）作业程序（图 3-16）

图 3-16 作业程序

（三）作业内容及标准

1. 作业前准备工作

安全门维修人员在进行驱动螺栓润滑作业之前应将 A2 施工令在车控室向行调申请批点，在获得

批准后，方可进行作业。

2. 检修的人员、工器具准备

1）人员准备（表 3-6）

表 3-6 驱动螺栓检修人数

序号	项目	单位	数量	备注
1	驱动螺栓润滑	人	2	

2）工器具准备（表 3-7）

表 3-7 驱动螺栓检修工器具清单

名 称	数量（单位）
柔软的抹布	1 套
刷子	2 根
3 m 人字梯	1 把

3）主要耗材准备（表 3-8）

表 3-8 驱动螺栓检修作业材料清单

名 称	数量（单位）
石油/除污液	$5 \text{ m}^3 \times 48$
润滑油	$6 \text{ cm}^3 \times 48$
刷子	2 把

（四）安全措施

（1）维护人员配带好劳保用品。

（2）维护人员应严格按照作业指导书作业步骤进行。

（3）两人作业时需相互协调计划好，谨防因传动机构运动导致意外事故发生。

（4）作业结束后，检查驱动机构运动时有无异常，相关设备能否正常工作。

（五）作业内容

（1）打开侧部与中央盖板活动面板。

（2）用就地控制盒隔离门体（LCB 打"隔离"）。

（3）手动解锁，从站台侧打开滑动门。

（4）用蘸石油/除污油的抹布清除螺栓上多余油污（螺纹边缘尤须注意）。

（5）在驱动螺栓上延球状螺母图上 2 cm^3 的润滑油，用润滑油刷螺母，然后手动开关门，使润滑油涂抹均匀。

（6）在球状螺母另一端涂上等量油脂，手动开门并在中途把门拉回来，用抹布擦去油残余。

（7）在球状螺母两侧涂上 1 cm^3 的油脂，手动开/关门 5 次。

（8）检查并清理残余油脂，尤其要注意电气连接周边。

（9）用就地控制盒开关转回"自动"位置。

（10）关闭锁定所有打开的活动面板。以下门扇操作步骤相同。

（六）作业结束

作业完成后，就地控制盒开关转回"自动"位置，关闭锁定所有打开的活动面板。
以下门扇操作步骤相同。

三、半高门门机维护

（一）高架站 ASD 电磁锁喷涂除锈清洗剂

高架站滑动门锁机构清洗部位为转动机构、导向机构，两个机构（图 3-17）。使用 WD-40 喷剂对
3 颗 T25 螺丝进行喷洗。

注意： 此作业时，严禁任何人操作 PSL、IBP。

图 3-17 门锁机构

主要润滑清洗构件为：

转动机构喷洗部位（转动机构有三个构件，分别为内圈、配合圈和固定螺栓）：内圈，导向机构的
2 颗螺栓（图 3-18）。

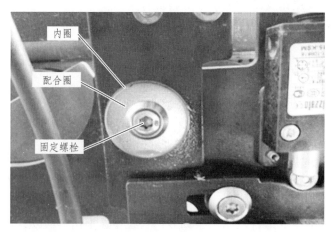

图 3-18 转动机构

（二）检查转动机构 T25 螺丝松紧度

前期 T25 螺栓做好放松标记（图 3-18），在保养时只需要检查放松标记是否偏移，若偏移，就加

以校正。

（三）皮带检查

皮带松紧度检查方式为：PSL整侧开门后，下轨检查露出的皮带，用手触摸和肉眼观察。

1. 皮带夹片的检查

皮带夹片松可导致皮带滑出。检查方法为检查夹片防松标记是否对齐，若偏移需使用内六角紧固（图3-19）。

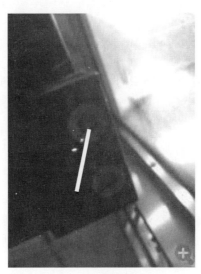

图3-19 皮带夹

2. 松紧度检查

对于太过松垮的皮带要加以调整（图3-20、图3-21）。

图3-20 皮带

图3-21 皮带调整

 任务评价

根据以上学习内容，评价自己对本任务内容的掌握程度，在下表相应空格里打"√"。

评价内容	差	合格	良好	优秀
对门机系统维保工作内容的掌握程度				
学习中存在的问题或感悟				

任务二 门体结构的维护

 **相关知识**

一、全线门体结构概况

1 号线：一期安装了屏蔽门的地下站 15 座，门体机构沿站台两侧边缘布置，每站滑动门 48 道，固定门地下站 52 道/高架站 56 道，应急门 4 道，端门 4 道；二期安装了屏蔽门的地下站 1 座，每种门体同上。

2 号线：一期安装了屏蔽门的地下站 18 座，布置方式和各种门体数量同 1 号线。

二、门体结构构成及其功能

屏蔽门门体结构沿站台边缘布置，将站台候车区域与行车区间完全隔离开来，既能保证乘客候车时的安全，又能给乘客一个舒适美观的候车环境，是保障地铁运营正常有序、舒适安全重要的一环。

屏蔽门门体结构包括滑动门、固定门、应急门和端门。该系统将直接接入车站综合监控系统和屏蔽门监控系统，通过数据接口直接读取门体结构的实时信息。其中滑动门有多级控制可以开启，正常情况下在 SIG 信号的控制下与列车车门联动，紧急情况下可以通过其他控制方式开启，以便及时疏散乘客，或者操作应急门和端门开启紧急疏散通道。门体结构构成如图 3-22 所示。

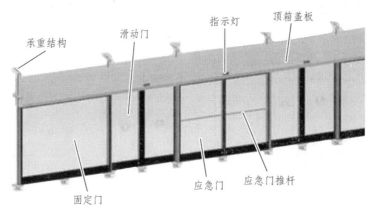

图 3-22 门体结构示意图

（1）滑动门：乘客上下列车的主要通道，正常运营时只能通过滑动门上下列车，如图 3-23 所示。滑动门是乘客上下列车的通道，也是紧急情况下，列车到站后乘客的疏散逃生通道。

（2）应急门：正常运营时保持关闭且锁紧状态；列车发生故障，无法与滑动门对齐时，打开应急门疏散乘客，如图 3-24 所示。

图 3-23　滑动门　　　　　　　　　　　　　　　图 3-24　应急门

应急门是紧急情况下故障列车进站后，列车车门无法对准滑动门时，乘客进出列车的疏散逃生通道。门体中部装有推杆解锁装置，乘客可以推压推杆将门打开，在站台侧，工作人员也可以使用专用钥匙解锁开门。

（3）端门：正常运营时保持关闭且锁紧状态，司机或员工工作需要进出设备区时开启，同时也是区间紧急情况下疏散乘客的通道，如图 3-25 所示。

端门设置在站台两端屏蔽门与站台设备房外墙之间，作为站台到区间隧道和设备房区域的进出通道，也是紧急情况下，乘客从隧道逃生疏散到站台的通道。

（4）固定门：非活动门，只有隔离作用，如图 3-26 所示。

图 3-25　端门　　　　　　　　　　　　　　　　图 3-26　固定门

固定门不可开启，是站台与列车运行区域隔离的屏障之一。

三、门体结构修程

（一）全高门门体结构修程（表3-9）

表3-9　全高门门体结构修程

设备	修程	检修工作内容		周期
		项目	要求	
滑动门	日常巡检	检查滑动门状态	开/关门正常，外观完整，指示灯正常	每日
	保养	检查滑动门门体与立柱间隙	门体与立柱间隙范围4~8 mm	每月
		检查门体关闭后上、下门缝间隙	门体关闭后上、下门缝间隙误差小于5 mm	
		检查两扇滑动门关闭后错位扭曲差值	两扇滑动门关闭后错位扭曲差值≤2 mm	
		检查障碍物探测	遇到障碍物可自动检测（三次检测后保持打开状态）	
		检查滑动门密封胶条	无破损、脱落	
		检查门体限位挡块	安装牢固，无松动	
		检查分线盒（PTB）	连接线及紧固螺帽无松动	
		检查手动解锁力	手动解锁需要的力≤67 N，能正常解锁	每年
		检查手动推门力	手动将滑动门打开到全开度过程所需的力≤133 N	
		检查门导靴	螺丝安装无松动，导靴无磨损、无开裂	
应急门	日常巡检	检查应急门状态	外观完整无损、门关闭锁紧、指示灯正常	每日
	保养	检查手动解锁装置	动作可靠，能正常解锁	每月
		检查推杆	动作顺畅，安装牢固	
		检查开门角度	能向站台侧旋转90°平开，小于90°时不会自动复位	
		检查指示灯状态	应急门开启时门状态指示灯点亮，关闭时门状态指示灯为熄灭状态	
		检查应急门锁紧装置	无松动、无偏移、功能正常	
端门	日常巡检	检查端门开关及推杆	能正常开关、推杆固定螺丝牢固无松动	每日
		检查端门门状态指示灯	门开启时常亮，门关闭时熄灭	
	保养	检查端门门状态	端门状态与综合监控显示是否保持一致	每月
		检查锁紧装置	无松动、无偏移、功能正常	
		检查手动解锁装置	动作可靠，能正常解锁、解锁后锁芯不回弹	
固定门	保养	检查各组件的连接和固定状态	牢固、无缺失	每年

（二）半高门门体结构修程（表3-10）

表3-10　半高门门体机构修程

设备	修程	检修工作内容		周期
		项目	要求	
滑动门	日常巡检	检查滑动门状态	外观完整，指示灯正常	每日
	保养	检查滑动门门体与立柱之间的间隙	门体与立柱间隙范围4～8 mm	每月
		检查滑动门密封胶条	无破损、脱落	
		检查障碍物探测	遇到障碍物可自动检测（三次检测后保持打开状态）	
		检查门体限位挡块间隙	门体限位挡块间隙1 mm	
		检查门体关闭后上、下缝间隙	门体关闭后上、下门缝间隙误差小于5 mm	
		检查两扇滑动门关闭后错位扭曲差值	两扇滑动门关闭后错位扭曲差值≤2 mm	
		检查分线盒（PTB）	连接线及紧固螺帽无松动	
	保养	检查手动解锁力	能正常解锁，手动解锁需要的力≤67 N	每年
		检查手动推门力	手动将滑动门打开到全开度过程所需的力≤133 N	
应急门	日常巡检	检查应急门状态	外观完整无损、门关闭锁紧、指示灯正常	每日
	保养	检查手动解锁装置	动作可靠，能正常解锁	每月
		检查推杆	解锁顺畅，安装牢固	
		检查开门角度	能向站台侧旋转90°平开，小于90°时不会自动复位	
		检查指示灯状态	应急门开启时门状态指示灯点亮，关闭时门状态指示灯熄灭	
		检查应急门锁紧装置	无松动、无偏移、功能正常	
端门	日常巡检	检查端门开关及推杆	能正常开关、推杆螺丝安装牢固无松动	每日
		检查端门门状态指示灯	门开启时显示常亮，在门关闭时熄灭	
	保养	检查锁杆及锁紧装置	无松动、无偏移、功能正常	每月
		检查手动解锁装置	动作可靠，能正常解锁，锁芯能正常反弹	
		检查端门状态	端门状态与PSA是否一致	
固定门	保养	检查各组件的连接和固定状态	牢固无缺失	每年

 **任务实施**

一、应急门、端门门锁拆装作业

（1）先把端门/应急门用三角钥匙打开并固定住门体位置；把门体侧边胶条从铝型材上拉下来；再用十字螺丝刀把固定铝型材的螺栓松开拿下后放到一边，此时就只剩下门体和体内的端门/应急门锁。

（2）拆下端门/应急门的推杆部件，零部件注意放置好，如图3-27所示。

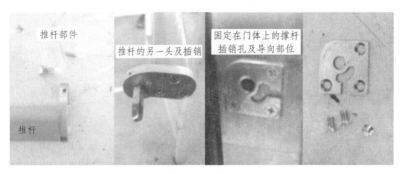

图 3-27　推杆

（3）拆卸下锁芯固定螺丝，然后用一字螺丝刀拨出三角锁，如图3-28所示。

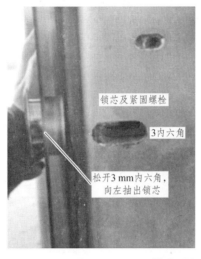

图 3-28　锁芯

（4）此时，整个门锁能一起抽出。但是，由于门锁较重、长，上下连接处是一个约2 mm的薄片，为了避免抽出时折弯门锁中间连接片，我们一般在拆除门锁时，采取分段抽出。同样，安装时也采取分段安装的方式，如图3-29所示。

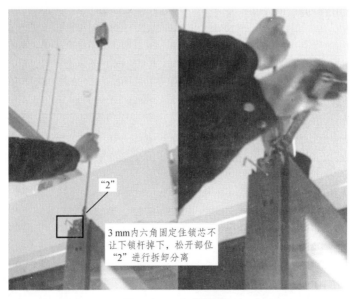

图 3-29　门锁拆除

（5）将整根锁平放于地面，在调整好门锁连接杆距离后，反向操作以上步骤完成安装。锁杆调整作业如图 3-30、图 3-31 所示。

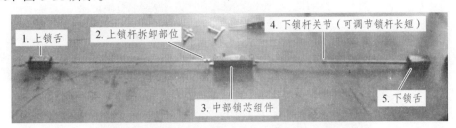

图 3-30　从门体内抽出的锁杆整体部件

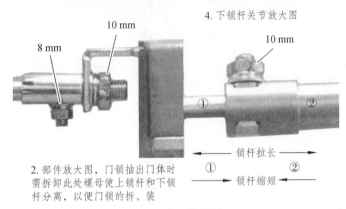

图 3-31　锁杆连接

二、滑动门门体调整作业

（1）滑动门门体的上下位置调整。实现滑动门门体上下位置调整的机构如图 3-22、图 3-33 所示。

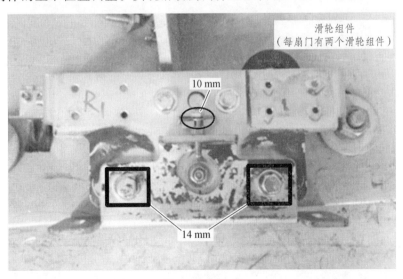

图 3-32　导轮

注意： 每道滑动门门体有左右两个滑轮组件，靠近门体中缝的为主滑轮组件（连接丝杆组），另一个为从滑轮组件。

上下调整步骤如下：

① 首先需要在滑动门门体下方两处用撬棍把门体支撑住并保持，以方便对门体进行上下高度微调。

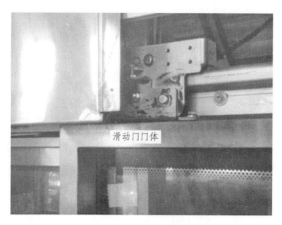

图 3-33　导轮

② 接下来用万向棘轮扳手在站台侧把主滑轮组件上的 10 mm 螺栓松开（向上旋转），再用棘轮叉口扳手松开两个 14 mm 螺栓；同样以此可松开从滑轮组件上的螺栓。

③ 一人在轨行侧用撬棍对门体进行上下的微调，另两人在梯子、站台上观察门体的上下位置是否到位，随时上紧 14 mm 螺栓以固定调整到位的门体。

④ 若主、从滑轮组合同时上下，可调节门体的上下；亦可只调整主滑轮或从滑轮，另一个滑轮组件上下位置不动，从而实现门体单边的上下调整。

（2）滑动门体的前后方向位置调整。实现前后方向位置调整的机构如图 3-34、图 3-35 所示。

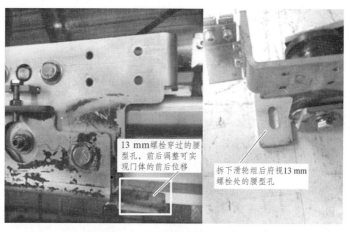

图 3-34　前后调整（1）

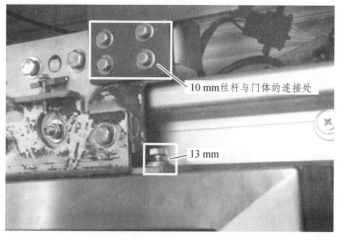

图 3-35　前后调整（2）

前后方向位置调整步骤如下：

① 首先需要在滑动门门体下方两处用撬棍把门体支撑住并保持，以便后面对门体的前后进行微调。

② 用两用套筒扳手松开 13 mm 的螺栓，主、从滑轮组上螺栓松开后三人配合好进行前后门体的调整。

③ 主滑轮组件、从滑轮组件可前后同时调整，亦可一前一后进行调整，这个根据现场的实际情况考虑后调整。

（3）门中缝间隙大小的调整，实现中缝间隙大小调整的机构如图 3-36、图 3-37 所示。

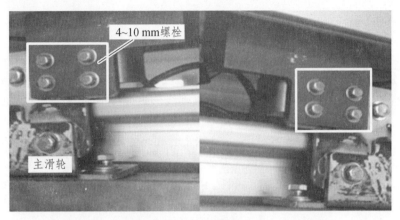

图 3-36　门缝调整（1）

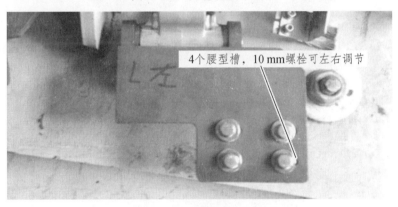

图 3-37　门缝调整（2）

方法如下：

松动 4×10 mm 的螺栓后，即可对门体中间的缝隙进行调整，可单扇调整也可两扇门体同时调整。

 任务评价

根据以上学习内容，评价自己对本任务内容的掌握程度，在下表相应空格里打"√"。

评价内容	差	合格	良好	优秀
对门体结构维保工作内容的掌握程度				
学习中存在的问题或感悟				

任务三　PSC柜、驱动电源柜、控制电源柜的维护

 相关知识

一、中央控制盘PSC

PSC是屏蔽门/安全门控制系统的核心，每个车站的屏蔽门/安全门设备室设置一套PSC。

中央控制盘PSC由两套相同、相互独立的子系统组成。每个系统包括一套逻辑控制单元（PEDC），控制一侧站台安全门，其采用高性能安全继电器，以硬线形式连接滑动门控单元DCU、站台端头控制盘PSL、IBP等，实现信号的控制与反馈。

每个子系统还包括一套监控主机PLC，其通过冗余的现场CAN总线功能，可实现与两侧站台DCU进行实时通信，并将故障和运行状态信息通过总线传给PLC。PSC还包括与信号系统的硬线接口、与综合监控系统的RS485串行接口、与PSC盘面显示终端LCD的RJ45以太网口、接线端子排及柜体面板上的相关按钮开关、指示灯和数据接口等（图3-38）。

图3-38　PSC柜面板

（一）监视功能

每侧站台安全门单元中所有设备的状态信息均通过现场总线及硬线传送到安全门监控系统上，利用维护终端或从中央接口盘上查询到所监视设备的当前状态及报警信息。中央接口盘将于运营相关的安全门状态及故障信息通过网络通道发送至远程监控系统及综合监控系统，进行状态、故障显示。

综合监控系统的车站控制室工作站及安全门中央接口盘均可实现安全门相关状态的查询及故障报警，并进行报表生成、故障记录等。安全门运行的状态及故障信息由综合监控系统发送至控制中心。图3-39为PSC监视网络接口图。

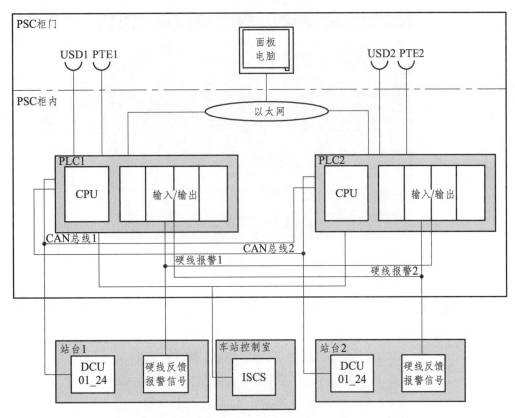

图 3-39　PSC 监视网络接口图

1. 车站控制室安全门状态监视

各条命令或故障小圆点正常状态显示绿色，告警时显示红色。滑动门关闭时为浅蓝色，打开时为白色，如图 3-40、图 3-41 所示。

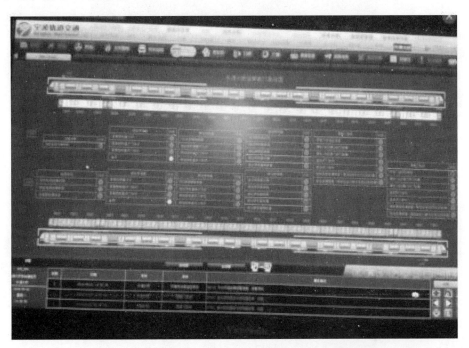

图 3-40　门关闭时状态

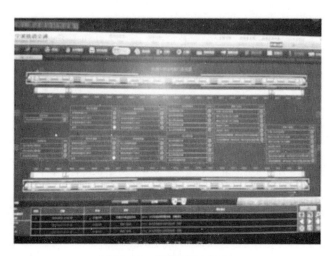

图 3-41　门打开时状态

2. 安全门中央接口盘上安全门状态监视

　　各条命令或故障小圆点正常状态显示绿色，告警时显示红色，告警消除但是为复位时显示黄色。滑动门关闭时为浅蓝色，打开时为白色，如图 3-42、图 3-43 所示。

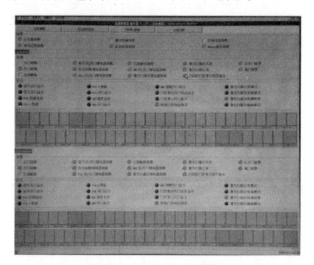

图 3-42　门关闭时状态

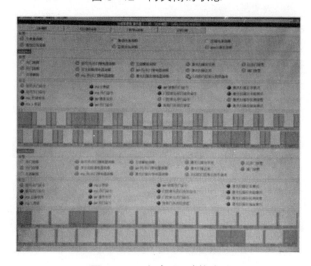

图 3-43　门打开时状态

（二）逻辑控制单元（PEDC）

每侧站台安全门配置一套逻辑控制单元，每套逻辑控制单元内配置有与信号系统的接口、与站台端头控制盘 PSL 的接口、与车控室 IBP 盘的硬线接口的继电器组。且处理 IBP 回路、PSL 回路及信号 SIG 回路的开关门命令的安全继电器相互独立，互不干扰。在接收到传来的开/关门关键命令后，能正确地控制相应侧滑动门进行开/关门动作。逻辑关系上，操作优先级从高到低依次为：IBP 回路、PSL 回路和信号 SIG 回路。优先级高的可以限制优先级低的模式，优先级低的操作模式不影响优先级高的操作模式的功能。

逻辑控制单元的特点：

（1）插件箱结构，模块化设计，可维护性强。

（2）采用完全相同的 A/B 两组进行冷备冗余提高可靠性，即当一组故障时可切换至另一组保证系统正常工作。

（3）A/B 两组电源并联、均流，以热冗余方式运行，使整个控制系统具有不断电在线维修功能。

（4）双 CAN 总线实现与各 DCU 的冗余通信，极大提高系统的可靠性。

（三）监控主机

监控主机是每个控制子系统的主要设备，属于整个总线网络的主设备。实现系统内部信息的收发、采集、汇总和分析，并实现与主控系统车站控制工作站、PSL、DCU 各单元之间的信息交换，并能够查询逻辑控制单元中各个回路的状态；具有足够存放数据和软件的存储单元，具有运行监视功能及自诊断功能。

（四）操作指示盘（PSA）

PSA 通过直连及路由协议与整个屏蔽门系统各设备进行通信并对各设备运行状态进行监控、配置、报警，具有实时数据分析、数据存储及历史数据分析、报表生成及打印、用户管理、权限控制、固件更新、参数设置等功能如图 3-44 所示。

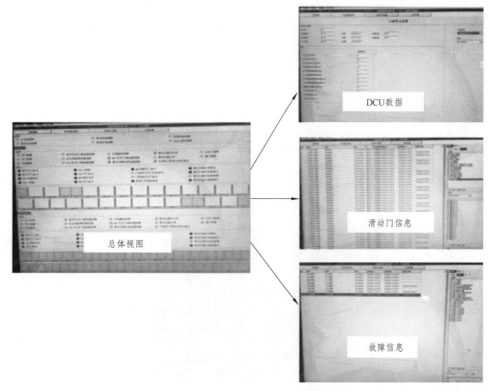

图 3-44　总体视图及信息

为了方便远程故障记录查看和故障分析，一般需要转发相应报警和事件记录。2 号线通过在 PSA 上操作，可以把相关记录生成 Excel 文件，方便数据的下载和转移。

界面中，点击右下角的输出按钮，可以弹出图 3-45 所示文件保存对话框，选择合适的文件保存位置后进行保存，然后在电脑机箱的 USB 插口插入 U 盘，拷贝保存的文件即可。

图 3-45　文件下载

二、电源系统（控制电源、驱动电源）

屏蔽门/安全门系统为一级负荷供电（当线路发生故障停电时，仍保证其连续供电，即双回路供电），两路交流输入经双电源切换箱后给屏蔽门/安全门系统供电。

屏蔽门/安全门供电电源采用驱动电源和控制电源分开设置。控制电源和驱动电源相互独立，配独立的蓄电池组。驱动电源为驱动滑动门提供电源；控制电源为屏蔽门/安全门的监控系统提供电源。

电源容量按六路编组配置。在交流断电时，驱动蓄电池能保证双侧站台所有门单元动作至少 3 次；蓄电池能提供设备静载 60 min。

电源系统主要部件采用模块化功率部件，可实现完善的 $N+1$ 备份功能、在线式热插拔及在线维修功能。

（一）交流 400 V 双电源

（1）双电源切换箱操作面板如图 3-46 所示。

图 3-46　双电面板

（2）左上为主备输入电源开关，电压为三相交流 400 V。

（3）右上为电源控制屏。

（4）中间为 200 V 交流备用开关。

（5）下面 4 个开关为输出开关（一用三备）。

（6）输入端。

正常情况下为带电状态，如果想要切除，需供电专业配合，在 400 V 配电室切除相应抽屉开关，如图 3-47 所示。

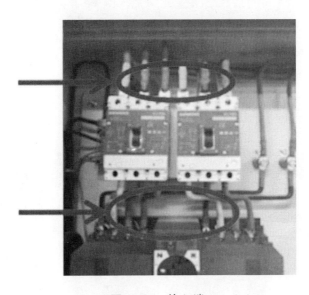

图 3-47　输入端

（7）输出端。

开关合上时为带电状态，开关拉下时为断电状态，两者互为备用，如图 3-48 所示。

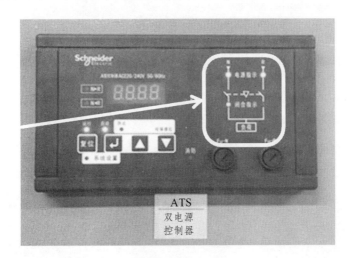

图 3-48　输出指示

（8）数字屏为参数设置显示屏。

（9）红色指示灯为"运行"和"自动"正在使用指示。

（10）输入输出指示区，上排两个粉色灯分别为主备回路输出指示，如图 3-48 所示，左侧主回路使用中。下排两个黄色分别为正在使用路指示。

（二）驱动电源柜（图 3-49～图 3-52）

图 3-49　驱动电源柜

图 3-50　电流、电压仪表

图 3-51　整流模块

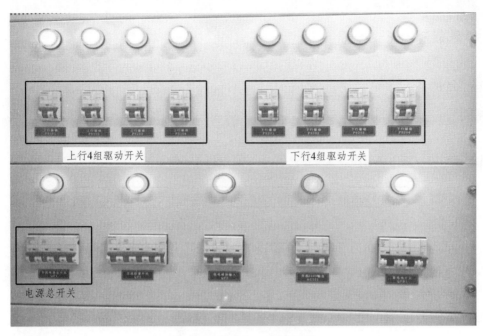

图 3-52　输入、输出开关

注意：整流模块一块冗余，两块正常即可满足容量需求。

（三）控制电源（图 3-53）

（1）控制母线电压和电流表。

（2）PM4S-G 主监控器：参数监控与设置、故障查询。

（3）两个充电模块和三个 DC/DC 模块：蓄电池充电、DC110 V 转 DC24 V。

（4）上行（左 4）和下行（右 4）：自动控制、PSL 操作、IBP 操作和信号控制开关。

（5）上行（左 4）和下行（右 4）：自动管理、PSL 命令、IBP 命令和激光开关。

图 3-53　控制电源柜

 任务实施

一、作业目的

明确安全门设备清洁作业内容及步骤，避免因清洁作业不到位造成设备运行不良。

二、作业程序（图 3-54）

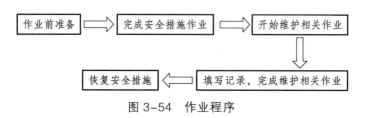

图 3-54 作业程序

三、作业内容及标准

（一）作业准备

安全门维修人员在进行安全门设备清洁作业之前应将 A2 施工令在车控室向行调申请批点，在获得批准后，方可进行作业。

1. 人员准备（表 3-11）

表 3-11 设备清洁人数

序号	项目	单位	数量	备注
1	设备清洁	人	2	

2. 工器具准备（表 3-12）

表 3-12 设备清洁工器具清单

名称	数量（单位）
柔软清洁的抹布	1 套
3 m 人字梯	1 把
刷子	2 把
吸尘器	1 台
海绵	2 块

3. 主要耗材准备（表 3-13）

表 3-13 设备清洁作业材料清单

名称	数量（单位）
酒精	500 mL
肥皂水	1 桶

（二）安全措施

（1）维护人员配带好劳保用品。

（2）维护人员应严格按照作业指导书作业步骤进行。

（3）在作业时，两人作业时需相互协调计划好，谨防意外事故发生。

（4）作业结束后，检查材料使用余留，相关设备状态正常。

（三）作业内容

1. 两侧站台清洁

① 打开侧部与中间顶盖板活动面板（图 3-55）。

图 3-55　顶箱和 LCB

② 操作 LCB 打"隔离"位置，以隔离门扇。

③ 用刷子清除轨道灰尘，用蘸酒精的抹布擦轨道，并擦拭干净。

④ 用刷子清除脚踏板导槽内固体污垢和异物。

⑤ 用肥皂水清洗胶条上的灰尘，并擦拭干净。

⑥ 操作 LCB 打回"自动"位置。

⑦ 门关闭锁定，以下门扇操作步骤同上。

2. DCU、PSC 柜、控制柜和驱动柜清洁

① 先断开驱动柜上的驱动电源开关和控制柜上的控制电源开关，再断开双电源柜的电源开关。

② 打开侧部与中间顶盖板活动面板。

③ 拔下全部 DCU 连接器插头（图 3-56）。

图 3-56　DCU

④ 从支撑架上拆下 DCU 盒。

⑤ 拆开 DCU 盒体包装，放到准备好的纸板上。

⑥ 用吸尘器清除连接器内部和板上灰尘。

⑦ 重新安装 DCU 盒体，连接器就位。

⑧ 关闭活动面板，以下 DCU 操作步骤相同。

⑨ 用吸尘器清洁 PSC 柜、驱动柜和控制柜（图 3-57）内各电器模块内部、继电器、按钮和端子排。

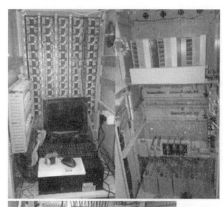

图 3-57　PSC 柜、驱动柜和控制柜

⑩ 用吸尘器和抹布清洁柜体表面和设备房地面。

(四) 作业结束

作业完成后，确认工器具等物料出清，然后先合上双电源开关，再依次合上驱动柜和控制柜上的电源开关，最后必须确认设备状态是否正常。

 任务评价

根据以上学习内容，评价自己对本任务内容的掌握程度，在下表相应空格里打"√"。

评价内容	差	合格	良好	优秀
对驱动电源柜、PSC 柜和控制电源柜结构维保工作内容的掌握程度				
学习中存在的问题或感悟				

模块训练

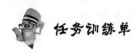 **任务训练单**

班级： 姓名： 训练时间：

任务训练单	安全门设备维护
任务目标	掌握各设备的维护作业流程
任务训练	请从下列任务中选择其中的两个进行训练：端门、应急门门锁拆装作业，PSC 柜、驱动电源柜和控制电源柜维护作业实操

任务训练一
（说明：总结作业流程，并在作业现场进行实操训练或者上机在模拟软件上完成实操训练）

任务训练二
（说明：总结作业流程，并在作业现场进行实操训练或者上机在模拟软件上完成实操训练）

任务训练的其他说明或建议：

指导老师评语：

任务完成人签字： 日期： 年 月 日

指导老师签字： 日期： 年 月 日

模块小结

本模块介绍了屏蔽门/安全门系统的门机系统的组成和维护作业、门体结构维护、配电柜（PSC 柜、驱动电源柜、控制电源柜）维护作业三部分内容，以及相应的作业步骤。

本模块内容为安全门维修员所需掌握的基础技能知识，包含了本专业大部分基础性日常维保作业内容。从相关子系统的维保修程到每个项目的设备认知、设备操作方法及维护作业实操指导，理论与现场相结合，以期达到让安全门维修员能够掌握本专业的日常维保作业技能。

屏蔽门/安全门系统设备维保作业原则上必须避开运营时间，遵照行车设备施工管理规定、行车管理规定申报设备维保作业，在取得调度同意及车站现场确认后方可进行。

 模块自测

一、填空题

1. 门体结构有如下几种：（　　　　　）、（　　　　　）、（　　　　　）和（　　　　　）。

2. 滑动门门体有如下几种控制方式：（　　　　　）、（　　　　　）、（　　　　　）、（　　　　　）和（　　　　　）。

3. 门体结构的工作状态有如下几种监控方式：（　　　　　）、（　　　　　）、（　　　　　）。

4. 端门、应急门门体结构解锁方式有：（　　　　　）、（　　　　　）。

5. 每个地下站屏蔽门门体结构的数量，滑动门（　　　　　）道、端门（　　　　　）道、应急门（　　　　　）道、固定门（　　　　　）道。

二、简答题

1. 简述应急门、端门门锁的拆装步骤。
2. 简述滑动门门体各方向调整的方法。

模块四 故障应急处理

案例导学

小明在安全门维护员的岗位上班半年多了，他发现在日常的工作中设备故障随时可能发生，并且经常需要以最快的速度去处理解决，比如单个滑动门故障、闭锁信号中断故障、通讯故障等。对于故障的应急处理需要具备哪些知识和能力呢？通过本模块你会找到答案。

学习目标

（1）掌握各项常见故障的应急处理办法。
（2）了解各项常见故障的成因。
（3）熟悉预防故障发生的各项防范措施。

技能目标

（1）能够熟练处理单个滑动门故障。
（2）能够熟练处理多个滑动门故障。
（3）能够熟练处理锁闭信号中断故障。
（4）能够熟练处理通讯系统故障。
（5）能够熟练处理信号系统故障。
（6）能够熟练处理电源系统故障。
（7）能够熟练处理端门故障。
（8）能够熟练处理门体玻璃破碎故障。
（9）能够熟练处理人为操作故障。

任务一 单个滑动门故障应急处理

 相关知识

屏蔽门控制系统是屏蔽门系统的核心部分，含有实现各种操作功能（如 IBP，PSL 及信号联动等）的逻辑控制回路，同时负责设备对各种故障信息、操作信息、事件信息的监视与记录。这些组成部分既相互独立，又相互联系，任何部分出现异常都会不同程度地影响系统整体运行，从而表现出不同的故障现象。因此，熟悉、了解系统的构成、原理，以及对故障现象细致观察、了解是查找故障的前提。

直观的故障现象比较容易判断，如故障后表现出来的声、光、温度、气味等信息。另外，在屏蔽门系统中通常还配置了 PSA/MMS 等人机界面，能够通过对系统的各类故障信息、操作信息、事件信息进行查询，帮助分析并对故障进行诊断和定位。但也有某些故障比较隐蔽或超出系统监视及诊断范围，根据设备的机理，可能需要多方面地借助以上方法、途径进行分析，有时需要考虑环境(如温度、湿度、风压等)及操作和使用特点等进行综合分析。

 **任务实施**

一、门头锁行程开关故障

（一）故障现象

表现为系统诊断不到门头锁开关状态或状态错误，可能影响安全回路。

（二）处理方法

（1）检查开关与 DCU 之间的配线及安装情况。
（2）检查开关动作。
（3）必要时更换开关。
（4）如故障持续存在，可能存在 DCU 接口故障，可尝试替换 DCU。

二、解锁电磁阀故障

（一）故障现象

一般表现为开门失败，DCU 报警。

（二）处理方法

（1）检查 DCU 与电磁阀之间的连接情况、电磁锁线圈及本体安装情况。
（2）检查电磁锁得电情况。
（3）若确认电磁锁故障，更换电磁阀。
（4）如故障持续，可替换 DCU。

三、滑动门关门故障

（一）故障现象

表现为滑动门没有完全关到位，左、右滑动门之间有间隙，门单元的门头指示灯闪亮，而整侧屏蔽门的安全回路不通，就地控制盘（PSL）面板的"关闭且锁紧"指示灯不亮。

（二）处理方法

（1）检查门单元是否进入障碍物模式，如是，检查及清除障碍物后复位。
（2）根据 PSA/MMS 诊断信息检查门机相关部件。
（3）检查是否门单元 DCU 故障，若因故障不能正常复位，更换 DCU。
（4）检查是否 LCB 故障，若 LCB 操作出现异常，更换 LCB。

四、滑动门开门故障

（一）故障现象

表现为滑动门没有完全打开，门单元的门头指示灯闪亮。

（二）处理方法

（1）检查门单元是否进入障碍物模式，如是，检查及清除障碍物后复位。

（2）根据 PSA/MMS 诊断信息检查门机相关部件。

（3）检查是否门单元 DCU 故障，若因故障不能正常复位，更换 DCU。

（4）检查是否 LCB 故障，若 LCB 操作出现异常，更换 LCB。

（5）检查电机是否工作正常，同时检查电机接口以及连接线。

五、障碍物故障

（一）故障现象

表现为系统诊断障碍物记录、驱动电流突增以及 DCU 自保状态。

（二）处理方法

（1）检查滑动门障碍物。

（2）检查传动机构是否顺畅，皮带传动式门机需检查是否存在驱动带过度张紧的现象，螺杆式门机需检查螺杆和齿轮箱的润滑情况。

（3）检查滑动门导靴与导槽。

（4）检查是否门单元 DCU 故障，考虑更换 DCU。

 案例分析

一、清水浦下行 5 号滑动门关门故障

（一）故障描述

2015 年 7 月 16 日下午 12 时 11 分，清水浦下行 5 号滑动门发生无法落锁的故障，现场紧急打手动关门处理。该门无法正常关闭导致安全回路无法形成，间接造成 10605 次列车延误 2 分 25 秒。

（二）故障分析

（1）该故障发生时，工班正好在清水浦巡检。检查下行 5# 发现右扇滑动门无法锁上，落锁时没有销子扣入锁板的声响，并且可以轻松用手移开滑动门，推断门锁机构有部件脱落导致落锁功能丧失。由于打隔离必须确保落锁正常以触发行程开关，所以只能对该门执行手动关操作并通知站务做好必要的隔离防护。

（2）次日夜间下轨检查，发现故障原因为该门锁板旋转轴的紧固螺母松脱（图 4-1 中红圈所示部件），导致整块锁板掉落，致使该门丧失落锁功能。

图 4-1　驱动轴

（3）由于锁板旋转轴的紧固螺母完全拧死后会压住内层的轴承，导致锁板无法转动，造成解锁落锁故障。所以现场安装时该紧固螺母在拧到底后需再松开一扣，以保证轴承的活动空间。在长期碰撞震动的情况下，紧固螺母逐渐松开直至掉落，最后造成此故障。

（三）故障处理

（1）故障发生后，发现下行 5#落锁功能丧失，第一时间对该门执行手动关操作。

（2）次日夜间检修时发现锁板紧固螺母脱落导致整块锁板掉落，重新安装回去之后即恢复正常。

（四）故障总结

（1）该紧固螺母松脱的故障虽然为偶然出现，但实际为共性问题，其他滑动门也存在发生此故障的可能。后期在安全门维护作业中需针对此点专门设置检修项目，以确保此类故障不再发生。

（2）加强员工对高架站滑动门锁结构的熟悉，以便在工作中能够准确快速地判断故障，做出合理的应急措施。

二、栎社机场下行 4#滑动门关门故障

（一）故障描述

2015 年 8 月 5 日下午 17 时 56 分，栎社机场站下行 4#滑动门无法关闭，导致安全回路无法形成，间接造成 21214 次列车发车延误 2 分 29 秒。

（二）故障分析

（1）17 时 56 分通知工班人员前去处理。18 时 10 分班组人员到达故障现场，确认为毛刷阻碍致使下行 4#门无法关闭（图 4-2、图 4-3）。此现象集中在滑轮组开、关门后停顿的地方。

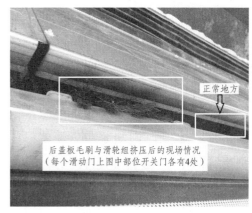

图 4-2　后盖板毛刷　　　　　　　　　　　图 4-3　毛刷挤压

（2）现场检查未发现门体倾斜可能导致的开、关门故障，门缝中间胶条亦未刮擦门槛（图 4-4）。

图 4-4　滑动门下边缘

（3）修剪毛刷后的情况（见图4-5）。

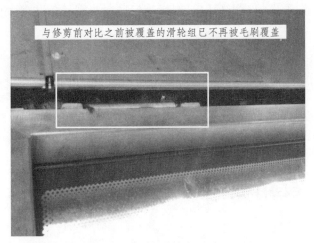

图4-5　毛刷修剪后

（三）故障处理

（1）故障发生后，站台人员未及时打手关、司机在长时间无"关闭且锁紧"信号情况发生2分钟后操作互锁解除发车出站。这也是此关门故障发生后间接导致列车延误发车2分29秒事件的主要原因（在故障分析报告中已有图文汇报，在此就不再多做描述）。

（2）工班人员在接到故障通知第一时间到达现场，经过排查发现毛刷问题的客观存在，现场利用行车间隔修剪毛刷完毕。在手动开关该门时门体无动作，确认LCB出现故障，次日白天更换好LCB，现场开关门无问题、打回自动位列车联动多列车均正常，故障消除。

（四）故障总结

（1）此次滑动门关门故障其实是全线地下站的普遍现象，工班已利用夜间作业点时间进行全线毛刷修剪的整改平推。

（2）除接到故障外需现场修复，不建议白天进行修剪毛刷的作业。

 任务评价

根据以上学习内容，评价自己对本任务内容的掌握程度，在下表相应空格里打"√"。

评价内容	差	合格	良好	优秀
对单个滑动门故障应急处理方法的掌握程度				
学习中存在的问题或感悟				

 任务二　多个滑动门故障应急处理

 相关知识

屏蔽门的驱动回路在电源分配方面为了分散电源故障风险，通常按列车每节车厢分配一个滑动门数量作为驱动电源配送回路数量，每一回路为每一节车厢提供一个门单元的驱动电源，即一组回路控制 6 扇滑动门。所以在日常工作中会出现同一组滑动门同时出现开门或者关门故障，并且故障表现完成相同的情况。

 **任务实施**

一、同一驱动回路多个滑动门故障

（一）故障现象

同一驱动回路内，多个滑动门出现相同故障现象，通常为同时无法打开或同时无法关闭。

（二）处理方法

（1）找到故障出现的那个滑动门，用万用表测量驱动电压是否正常。若正常，则前往同组下一个门进行测量。

（2）检查桥接片是否有松脱情况，重新插回并固定。后续可打胶以防止桥接片再次松脱。

二、无规则多个滑动门故障

（一）故障现象

现场多个滑动门故障，不同组之间没有直接联系。

（二）处理方法

按照单个门故障，逐个处理。

 案例分析

外滩大桥上行同一组滑动门无法关闭故障

（一）故障描述

2015 年 8 月 17 日下午 15 时 30 分，安全门二班接报外滩大桥站上行 214#、218#、222#滑动门关闭后存在缝隙并且无法打开，车站已打至手动关闭位置。

（二）故障分析

（1）工班成员在故障发生后第一时间赶到了现场，现场 3 个故障门已关好并打至"手动关"。打开顶箱盖板检查发现 DCU 指示灯均不亮，疑似处于断电状态。

（2）由于上行 214#、218#、222#处于同一组供电回路，且同一时间 3 个滑动门同时发生故障的可能性极小，可以初步判定为供电回路故障导致。

（3）该组 6 个滑动门从靠近设备房一端出发，依次为 202#、206#、210#、214#、218#、222#。而 202#、206#、210#均开关门正常，因此将故障范围锁定在 210#与 214#之间。

（4）检查 210#滑动门接线盘时发现，该门 1#、2#端子排上桥接片松动，如图 4-6（a）所示；插紧后恢复正常，如图 4-6（b）所示。

（5）将桥接片插紧后，214#、218#、222#恢复供电，打回"自动"后开关门正常。

（a）　　　　　　　　　　　　　　（b）

图 4-6　驱动电源端子

（三）故障处理

（1）故障发生后发现是同一组滑动门，第一反应是由供电故障导致，迅速查看正常与故障交界处两个滑动门桥接片。

（2）将 210#滑动门桥接片推到底即恢复正常。

（四）故障总结

（1）由于桥接片长期处于列车震动的环境中，加上插片与端子排接触的长度并不长，如果稍有松脱即会造成后续同组滑动门失电的情况发生。

（2）在桥接片插入位置打密封胶粘合固定，以保证不会因震动而轻易松脱。

 任务评价

根据以上学习内容，评价自己对本任务内容的掌握程度，在下表相应空格里打"√"。

评价内容	差	合格	良好	优秀
对多个滑动门故障应急处理的掌握程度				
学习中存在的问题或感悟				

任务三　闭锁信号中断故障应急处理

 相关知识

闭锁信号是屏蔽门控制系统中最关键的信号，也成为"安全回路"信号。闭锁信号存在的意义在于确保整侧滑动门全部关闭并且锁紧，没有夹人夹物以保证安全，所以闭锁信号的通断直接影响列车能否顺利地进出车站。日常工作中，闭锁信号中断故障时最为紧急的故障之一，为了避免大范围影响行车秩序，闭锁信号中断故障必须以最快速度并且最妥当的方式进行处理。

 任务实施

一、滑动门导致安全回路故障

（一）故障现象

一般表现为关门失败或落锁失败，DCU 报警。

（二）处理方法

（1）将该门 LCB 打至"手动关"状态以旁路安全回路。若无效，考虑更换 LCB。
（2）检查该门安全回路接线是否牢固。
（3）落锁正常的情况下，检查该门行程开关是否完好。
（4）若暂时无法判断故障点，可用短接线将该门安全回路旁路处理，后续进行排查。

二、应急门导致安全回路故障

（一）故障现象

故障现象较隐蔽，表现为现场无报警，并且 PSA/MMS 上无故障检测记录。在排除滑动门和设备房故障后，可考虑应急门故障。

（二）处理方法

（1）检查应急门行程开关是否有松动情况，行程开关是否接触到位。
（2）检查应急门锁舌长度是否完成顶入锁孔内行程开关。
（3）在运营期间无法打开应急门处理的情况下，可将应急门安全回路短接处理，运营后再做调整处理。

三、安全回路继电器故障

（一）故障现象

常表现为安全回路规律性断开，现场无预兆、无异常。

（二）处理方法

（1）检查 PSC 柜内安全回路继电器是否完好，上电是否正常，若损坏则更换。
（2）检查 PSC 柜内接线排接线是否正常。
（3）在运营期间无法更换继电器的情况下，可将安全回路临时做短接处理，运营后再做更换。

 案例分析

大通桥下行整侧屏蔽门无关闭且锁紧信号

（一）故障描述

2015 年 7 月 31 日下午 15 时 15 分，安全门二工班接到故障通知，大通桥下行整侧屏蔽门无关闭且锁紧信号，站务打互锁解除接发列车。

（二）故障分析

（1）由于故障发生时，工班正利用行车间隔修剪滑动门毛刷，所以初步判断有滑动门未关上导致关闭且锁紧信号无法形成。现场紧急对下行 1#至 5#滑动门执行手动关操作。

（2）手动关之后安全回路仍为断开状态。进入设备房检查 PSC 柜内接线，发现接线均完好没有问题。用万用表测量安全回路电压，发现去往现场的正负线间 100 V 电压正常，而反馈回来为 0 V，由此判断现场确实有安全回路断开点。

（3）打开 6#滑动门顶箱盖板，测得安全回路进线端间电压 100 V 正常，出线电压 100 V 也正常。因该站安全回路走线方向为从 24#门进，从 1#门出，于是推进至 5#滑动门。测得 5#门进线 100 V 正常，出线为 0 V，由此判断 5#滑动门存在安全回路断开点。

（4）因打手关仍无效，推断 5#LCB 上安全回路触点损坏。实际测量如图 4-7 所示，手关状态下常闭触点 13-14 导通正常，而 15-16 不导通。由此判断该 LCB 已损坏。

图 4-7　LCB 触点测量

（5）自动状态，门已关紧且落锁正常的情况下，安全回路仍未接通，推断为行程开关出现故障。正常情况下，行程开关松开，1-4 触点导通，行程开关压下，2-3 触点导通。实际测得情况如图 4-8 所示，1-4 触点导通正常，而 2-3 触点断开不导通。由此判断该行程开关已损坏。

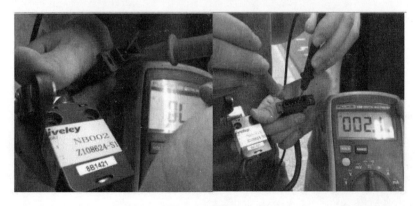

图 4-8　插接口测量

（三）故障处理

（1）该故障发生后，检修人员首先对滑动门进行了手关操作，以旁路可能发生故障的滑动门。

（2）其次检查设备柜内，发现各接线以及继电器空开均正常，但测得安全回路反馈电压为 0 伏。

（3）通过对现场滑动门的排查，发现 5#滑动门 LCB 和行程开关出现问题。当即对该门打隔离并进行安全回路跳接处理。

（4）当晚更换行程开关和 LCB 后，故障修复恢复正常。

（四）故障总结

该故障处理需要较强的故障分析能力、对本专业设备的熟知，以及较强的动手能力。工班成员需加强自身专业素养，并针对此类故障进行应急演练。

任务评价

根据以上学习内容，评价自己对本任务内容的掌握程度，在下表相应空格里打"√"。

评价内容	差	合格	良好	优秀
对闭锁信号中断应急处理的掌握程度				
学习中存在的问题或感悟				

任务四　通信系统故障应急处理

相关知识

屏蔽门系统内的 PSA/MMS 通过现场总线的方式，采集现场 DCU 的工作状态数据，然后通过光电转换模块将电信号转换为光信号，送往综合监控设备室。

PSA/MMS 所能监控到的信号包括每扇门的详细状态、故障信息、系统的事件、电源的故障信息等，是通信系统中的关键部分。

任务实施

一、滑动门通信故障

（一）故障现象

PSA 上显示单个滑动门呈隔离状态，状态无法监测。

（二）处理方法

（1）DCU 在经过故障状态后，需重启 DCU 方能恢复正常通信。若无效考虑更换 DCU。

（2）检查 DCU 通信模块。

二、整侧无法通信故障

（一）故障现象

PSA 上显示整侧滑动门呈隔离状态，状态无法监测。

（二）处理方法

（1）重启 PSA 软件。

（2）重启 WAGO 模块，并检查电脑主机箱后部接线是否正常。

三、与综合监控无法通讯故障

1．故障现象

综合监控上屏蔽门系统为蓝色断开状态。

2．处理方法

（1）检查并重启 PSA 程序。

（2）高架站需检查综合监控通信程序是否开启。

（3）检查光电转换模块是否工作正常。

 任务评价

根据以上学习内容，评价自己对本任务内容的掌握程度，在下表相应空格里打"√"。

评价内容	差	合格	良好	优秀
对通信系统故障应急处理的掌握程度				
学习中存在的问题或感悟				

 任务五　信号系统故障应急处理

 相关知识

屏蔽门系统与信号系统有四个关联信号，分别是开门指令、关门指令、关闭且锁紧信号、互锁解除信号。开门指令和关门指令是信号系统发给屏蔽门系统的电气信号，两者必须状态相反，如开门指令为"1"，关门指令则应该为"0"。否则就是错误指令，屏蔽门系统不执行错误指令。"关闭与锁紧"信号和"互锁解除"信号是屏蔽门系统发给信号系统的电气信号，列车只有收到"关闭与锁紧"信号才能进站或出站。当列车无法收到"关闭与锁紧"信号时，可以操作就地控制盘(PSL)发出"互锁解除"信号，使列车进站或出站。

发生联动故障后，应先查看 PSA/MMS 的事件记录，可以初步判断故障源。要注意信号系统"开门"指令和"关门"指令的相隔时间。

 **任务实施**

一、典型的故障现象

a. 列车到站对标停稳后，列车车门能打开，但屏蔽门无法联动打开，要使用 PSL 打开。

b. 列车车门关闭后，屏蔽门（整侧）不能自动关闭，要使用 PSL 关闭。

c. 列车出站后，屏蔽门无故打开。

d. 屏蔽门的"关闭且锁紧"回路正常，也可以正常联动开门、关门，但列车无法进站或出站。

e. 在屏蔽门"关闭且锁紧"回路故障时，操作 PSL 的"互锁解除"后，列车仍然无法出站或进站。

二、查找原因的方法（电压都是 24 V DC）

（1）如果遇到现象 a ~ c，均可查看 MMS 上相关的事件记录，从而初步判断是屏蔽门的原因还是信号系统的问题。例如，针对故障现象 a 的检查方法是查看 MMS 上的事件记录是否收到由信号系统发过来的开门指令，若收到指令，则是屏蔽门的问题；若没有收到指令，在检查相关接线无松动的情况下，则可以判断是信号系统的问题。

（2）如果遇到现象 d 的情况，可按以下步骤进行检查：

① 检查 SIG 端子排中 11# 和 12# 端子是否有电压(直流)输出，若没有电压，则可判断属于信号系统的问题；若有电压，则继续以下检查步骤。

② 在"关闭且锁紧"回路接通的情况下，测量 SIG 端子排中的 9# 和 10# 端子是否有电压(直流)输出，若没有电压，则可判断属于屏蔽门系统的问题；若有电压，则判断为信号系统的问题。

（3）如果遇到现象 e 的情况，可按以下步骤进行检查：

① 检查 SIG 端子排中 13# 和 14# 端子是否有电压(直流)，若没有电压，再检查 11# 和 12# 端子是否有电压(直流)输出，并检查 11#、12#、13# 和 14# 端子的接线；若有电压，则可继续以下检查步骤。

② 在保持操作 PSL 的"互锁解除"钥匙开关的情况下，检查 SIG 端子排中 15# 和 16# 端子是否有电压输出，若有电压，则可以判断为信号系统的问题；若没有电压，则可以判断为屏蔽门系统的问题。

注意：处理故障时一定要注意不能影响行车，即"关闭与锁紧"回路要尽量保持导通。特别是处理单个门单元故障时，要屏蔽该门对"关闭与锁紧"回路的影响，复位 DCU 时也不要影响"关闭与锁紧"回路。

 任务评价

根据以上学习内容，评价自己对本任务内容的掌握程度，在下表相应空格里打"√"。

评价内容	差	合格	良好	优秀
对信号系统故障应急处理的掌握程度				
学习中存在的问题或感悟				

 # 任务六　电源系统故障应急处理

 相关知识

屏蔽门电源系统包括驱动回路电源和控制回路电源。

屏蔽门系统为一级负荷，车站低压配电系统提供两路三相 380 V 电源，通过双电源切换箱为屏蔽门系统驱动回路提供交流 380 V 电源,通过驱动电源柜内的 AC/DC 模块为控制回路提供直流 110 V 电源。

驱动回路电源主要为门单元的驱动部件提供稳定的电源,配电单元在驱动回路的电源分配方面主要考虑分散电源故障风险,通常按列车每节车厢分配一个滑动门数量作为驱动电源配送回路数量,每一回路为每一节车厢提供一个门单元的驱动电源,即一组回路控制 6 扇滑动门。

当市电输入发生故障时,由蓄电池为门单元供电,电池容量满足完成 3 次开、关屏蔽门系统要求,并能维持屏蔽门静止状态 30 min,同时向屏蔽门系统发出报警信息。当市电恢复时,能自动恢复正常运行模式。

 任务实施

一、供电模块故障

(一) 故障现象

驱动电源柜或控制电源柜上供电故障,电源监控模块显示报警。

(二) 处理方法

(1) 通常供电模块设置有冗余,如果损坏其中一个,直接热插拔更换即可。

(2) 检查供电模块参数设置是否正常。

二、双电源切换器故障

(一) 故障现象

双电源切换箱内切换器损坏,在进行电路切换动作之后无法自动复位。

(二) 处理方法

(1) 确认两路市电供电正常,扳起手动切换开关,将开关旋转至主电路或备电路,并确认输出空开状态正常。

(2) 双切控制器上摁"复位"键,使双切控制器进入自动状态。

 案例分析

清水浦安全门失电故障

(一) 故障概况

2016 年 3 月 7 日 5 时 46 分,安全门值班接报清水浦站上行安全门门头灯闪烁,部分安全门打开,综合监控系统安全门状态显示通信中断。故障造成 15 趟列车手动模式进出站,下行 20203 次车晚发 4 分钟。工班人员随即赶往现场查看故障原因。

(二) 故障分析

工班人员现场到达设备房后,发现双电源箱内主备路空开合闸正常,双电源切换开关停留在中间"OFF"位,双电源控制器 ATS 显示故障报警(E-01),如图 4-9、图 4-10 所示。

图 4-9　转换开关

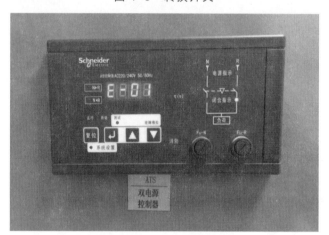

图 4-10　控制模块

现场将切换开关复位，发现无法自动旋入主电路。随即手动将开关旋至备路，设备供电恢复正常，如图 4-11 所示。

图 4-11　手动操作

查看 PSA 故障记录，发现 3 月 6 日 23 时 22 分报驱动电源故障。同时核对信号专业监控信息，发现在 23 时 22 分报 I 路断电故障，并在 23 时 23 分恢复。如图 4-12 所示。

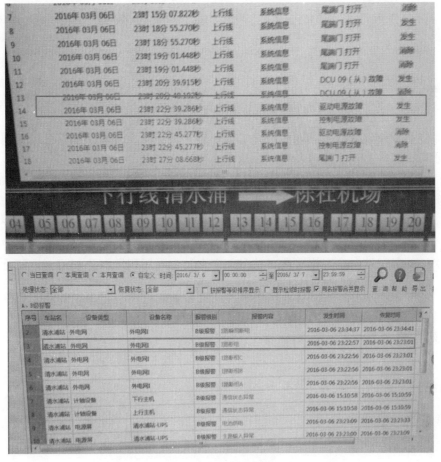

图 4-12 故障报警

根据以上信息推断，双电源切换开关发生故障，在备电路切回主电路的过程发生卡滞，停留在中间 "OFF" 位。

（三）故障总结

此次故障对列车运营造成了较大影响，造成 15 趟列车手动模式进出站，下行 20203 次车晚发 4 分钟。痛定思痛，专业组专门组织了工班成员对于双切箱操作的培训，组织了关于双切箱故障的应急演练，提高应急处理能力。同时加强日常巡检，及时发现故障并第一时间进行妥善处理。

商讨并决定将控制器 ATS 模式设置为互为备用，减少双切箱在两路之间来回切换的频率，减少故障发生几率。

 任务评价

根据以上学习内容，评价自己对本任务内容的掌握程度，在下表相应空格里打"√"。

评价内容	差	合格	良好	优秀
对电源系统故障应急处理的掌握程度				
学习中存在的问题或感悟				

任务七　端门故障应急处理

 相关知识

　　端门是列车在区间隧道发生火灾或故障时，列车停在隧道内，乘客从列车端门下到隧道后疏散到站台的通道，也是车站人员进出隧道、进行维修的通道。

　　端门由端门门玻璃、门框、闭门器、手动解锁装置和门锁等构成。端门门玻璃采用单层钢化玻璃，门玻璃用结构胶黏接在门框上。在端门的中部安装有推杆解锁装置。推杆的长度与门扇宽度基本相同。乘客在隧道推动开门推杆，推杆带动门框内的解锁机构，松开端门上下的门闩将门打开，在门框的上部装有闭门器，闭门器具有足够大的力，以保证端门在手动开启后能够自动复位关闭。端门开启时向站台侧旋转 90°。端门在站台侧有钥匙孔，站台工作人员也可用钥匙打开端门，以防止非工作人员开启端门。

 任务实施

一、落锁故障

（一）故障现象

端门无法正常落锁，或落锁后无法熄灭门头灯。

（二）处理方法

（1）检查端门锁机构是否有松动现象。
（2）调整锁杆前后位置以及顶部挡块位置，以到达合适的配合点。
（3）调整锁杆长度以顶到行程开关。
（4）对于损坏严重的门锁，进行更换处理。

二、解锁故障

（一）故障现象

端门无法正常解锁，或解锁后门头灯不亮。

（二）处理方法

（1）检查端门锁机构是否有松动现象。
（2）调整锁杆前后位置以及顶部挡块位置，以到达合适的配合点。
（3）调整锁杆长度以顶到行程开关。
（4）对于损坏严重的门锁，进行更换处理。

 任务评价

根据以上学习内容，评价自己对本任务内容的掌握程度，在下表相应空格里打"√"。

评价内容	差	合格	良好	优秀
对端门故障应急处理的掌握程度				
学习中存在的问题或感悟				

 任务八　门体玻璃破碎故障应急处理

 相关知识

玻璃门通常采用钢化玻璃制成，钢化玻璃由于在制造过程可能残留自爆因子（如硫化镍等），在温度变化、振动、外力冲击等诱因下，钢化玻璃有一定的自爆率。

钢化玻璃的边角特别脆弱，如被坚硬的物体撞击很容易破裂。对于端门、应急门等机械操作的门单元，如果没有锁好，很容易被隧道风压吹开，与别的物体相撞而破裂。

 任务实施

钢化玻璃爆裂时（没有掉下来的情况）的应急处理程序如下：

（1）把该滑动门驱动电源开关断开，把LCB模式开关旋到隔离位置。

（2）做好现场保护工作，采取乘客隔离措施。先把滑动门打开，使爆裂门体受风压的影响减少，留人看守。车站人员用封箱胶纸逐步把整扇碎玻璃门粘贴起来，并保护现场，以便判断玻璃损坏的原因。爆裂的玻璃门要用围栏隔离，并贴上标志，必要时应降低列车进、出站的速度，具体速度值由现场抢修人员提出，以防止影响乘客。用封箱胶纸粘贴碎玻璃门时，一般粘贴一面即可，之后可把碎玻璃门移到受风压小的位置或使其处于关闭状态。

（3）大致判断玻璃爆裂的原因是自爆还是人为损坏，有条件的可以先查看车站监控录像，看爆裂前后玻璃门旁边是否有人为原因。检查玻璃现状，观察起爆点处是否有玻璃掉下来，一般因人为外力冲击损坏的起爆点有玻璃碎粒掉下来，自爆的钢化玻璃起爆点处没有玻璃掉下来，且可能有蝴蝶斑状碎块或杂质。

（4）为减少对日间运营的影响，爆裂后的门通常在运营结束后进行更换，在更换前应做好更换部件的运输及工器具的准备工作。

（5）封箱胶带纸用后及时补充，平时巡检时应注意检查物料，确保其完备。

 案例分析

轻纺城下行121#站台固定门玻璃破裂坠入轨行区

（一）故障描述

2015年11月10日18时29分，轻纺城下行121#站台固定门玻璃破裂坠入轨行区，工班人员紧急

赶往现场进行应急处理。

（二）故障分析

18时35分，工班人员到达现场，查看破碎的固定门，计划当晚清点需更换的新的固定门。

现场协同站台人员清理散落地面的玻璃碎片，并设置好防护措施。现场玻璃已完全碎裂但未脱落。一趟车过后，玻璃碎片因强烈的隧道风吸入轨行区。

屏蔽门钢化玻璃本身因自身内部的应力问题有一个客观存在的自爆概率。自爆概率理论上控制在3‰~4‰范围内。

如图4-13所示，监控摄像头上显示站台保安、站务人员发现现场玻璃已裂开，但未坠入轨行区。

图4-13　自爆视频截图

如图4-14所示，下一趟列车在出站时因强烈的隧道风，直接导致已裂开的固定门玻璃被吸入轨行区。

图4-14　站台保安接报

如图 4-15 所示，现场安全防护措施到位，并有专职人员看守对乘客进行疏导。

图 4-15　防护

如图 4-16 所示，玻璃虽已坠入轨行区内，但钢轨上面无玻璃碎渣，后续列车进入站台时几乎无任何影响。

图 4-16　轨行区散落玻璃

如图 4-17 所示，夜间收车后对轨行区内的碎玻璃进行清理工作。

图 4-17　玻璃清除

如图 4-18 所示，固定门重新安装，故障消除。

图 4-18　更换完毕

（三）故障总结

（1）从事后调查、监控录像来看固定门破碎是自爆导致的。

（2）工班人员在应急响应故障方面很及时，按照先通后复的原则，紧急处理事件思路很清晰，及时汇报工长报告现场情况。

（3）之前每周的应急演练，"屏蔽门玻璃破碎"应急演练的实际效果直接从本次故障中体现出来。也为以后的新员工带来了一些实际的现场故障素材。

 任务评价

根据以上学习内容，评价自己对本任务内容的掌握程度，在下表相应空格里打"√"。

评价内容	差	合格	良好	优秀
对门体玻璃破碎应急处理的掌握程度				
学习中存在的问题或感悟				

任务九　人为操作故障应急处理

 相关知识

屏蔽门系统具有障碍物检测功能，当屏蔽门在关闭过程中夹住人或物时，如果夹紧力大于设定值，进入障碍物检测程序，滑动门立即停止关闭，并反向后退，解脱被夹的人和物。延迟一定时间后，门将以减慢的速度再次关闭，假如障碍物已被清除，将加速到正常的速度并关闭，从而避免夹伤乘客。

上述过程重复三次后，若门仍不能关闭并锁紧，对应的滑动门打开到全开位置。此时 DCU 经 PSC 向 PSA 发送关门故障报警，PSA 上故障指示灯点亮，液晶显示器上显示出故障位置。与此同时，屏蔽门顶箱的指示灯闪亮。

 **任务实施**

一、夹人夹物故障

（一）故障现象

通常在屏蔽门即将完全关闭的瞬间，有乘客冲撞屏蔽门以赶上列车，此时很容易使屏蔽门进入防夹人自保状态，三次尝试关闭后打开至最大。

（二）处理方法

（1）通过 LCB 将故障滑动门操作至"手动关"。
（2）将 LCB 打至"隔离"再打回"自动"以重启 DCU，消除自保。

二、手动解锁故障

（一）故障现象

屏蔽门与列车无法联动时，有乘客操作手动解锁装置将滑动门打开，滑动门报警并无法自动关闭。

（二）处理方法

（1）通过 LCB 将故障滑动门操作至"手动关"。
（2）将 LCB 打至"隔离"再打回"自动"以重启 DCU，消除自保。

 任务评价

根据以上学习内容，评价自己对本任务内容的掌握程度，在下表相应空格里打"√"。

评价内容	差	合格	良好	优秀
对人为操作故障应急处理的掌握程度				
学习中存在的问题或感悟				

模块训练

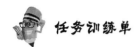 任务训练单

班级：　　　　　　　　姓名：　　　　　　　　训练时间：

任务训练单	滑动门故障处理相关作业
任务目标	掌握滑动门故障处理流程，能正确进行常见故障的处理
任务训练	请从下列任务中选择其中的两个进行训练：滑动门关门故障处理，滑动门开关故障处理，滑动门故障导致闭锁信号丢失故障处理

任务训练一
（说明：总结作业流程，并在作业现场进行实操训练或者上机在模拟软件上完成实操训练）

任务训练二
（说明：总结作业流程，并在作业现场进行实操训练或者上机在模拟软件上完成实操训练）

任务训练的其他说明或建议：

指导老师评语：

任务完成人签字：　　　　　　　　　　　日期：　　年　　月　　日
指导老师签字：　　　　　　　　　　　　日期：　　年　　月　　日

模块小结

　　本模块介绍了日常工作中屏蔽门系统常见的几类故障，以及相应的应急处理办法。在平常遇到故障发生时，谨记按照"先通后复"的原则进行处理，在确保安全运营的原则下，站台现场工作人员首先要做好应急措施，包括现场安全防护措施、障碍物出清、隔离影响进车和发车的故障门单元以及复位操作、降级运行。

　　设备故障抢修作业必须确保行车安全、乘客安全和工作人员安全，遵照行车设备施工管理规定、行车管理规定申报故障抢修作业，听从相关调度及车站指挥。

模块自测

1. 简述单个滑动门故障处理的操作步骤。
2. 简述 PSL 操作互锁解除的步骤。
3. 简述行车期间发生屏蔽门玻璃破碎故障的应急处理步骤。

模块五　突发事件处理

案例导学

　　××年10月8日，受太平洋台风"×××"登陆浙闽沿海地带影响，宁波轨道交通两条线路高架站站台受到大面积雨水侵蚀，安全门维护员小明、小强、小赵、小李在2号线正线值班，他们接到调度通知，那么他们需要准备哪些工作呢？而哪些工作是重点呢？以上问题可以通过学习模块得到解决。

学习目标

　　（1）熟悉台风来袭后应急相关事项。
　　（2）熟悉车站发生火灾应急相关事项。

技能目标

　　（1）能清楚台风天气对哪些设备有直接或间接影响。
　　（2）能清楚赶往现场保障前需要携带什么、注意哪些问题。
　　（3）能清楚站厅失火对哪些设备具有直接或间接影响。

任务一　自然灾害类

 相关知识

　　高架站安全门是站台上最大的地铁安全运营设备，所处位置部分处于露天状态，台风伴随的狂风暴雨天气对我们的站台上安全门设备有着最直接的影响、我们的设备能否正常使用直接影响着客运服务的质量。

 任务实施

　　（1）加强台风天气对各个高架站设备的巡检力度，必要时每人一站驻站保障。
　　（2）出行时注意安全，安全防护用品必须带齐全（如：安全帽、雨靴、雨衣、反光背心、强光手电、应急抢险工具包）。
　　（3）遇到突发情况第一时间向上级汇报，注意保护自身安全。
　　注意事项：遇到紧急事件莫慌张，安全是前提，汇报需清楚。紧急事件需双人出行，相互协助。

任务评价

根据以上学习内容，评价自己对本任务内容的掌握程度，在下表相应空格里打"√"。

评价内容	差	合格	良好	优秀
现场巡检力度是否加强				
安全防护用品有无遗漏				
面对突发情况是否第一时间上报上级领导				
学习中存在的问题或感悟				

任务二　火　灾

相关知识

在车站站厅失火的情况下，安全门作为车站与轨行区隔离防护区最大的设备，在火灾被扑灭后为了快速排烟尽快恢复正常运行，需要开启所有屏蔽门以保证车站内的烟雾快速排出。

任务实施

（1）在发现失火故障后第一时间向上级汇报要求加派人手。
（2）能带上应急工器具及时赶往事故现场支援。
（3）听命于现场总指挥，发现异常情况报告给现场负责人。
（4）现场险情处理完后确认设备有无损坏，能否正常运作。
注意事项：遇到紧急事件莫慌张，安全是前提，汇报需清楚。到达现场先确认设备能否继续使用。

任务评价

根据以上学习内容，评价自己对本任务内容的掌握程度，在下表相应空格里打"√"。

评价内容	差	合格	良好	优秀
是否第一时间向上级汇报				
是否带上应急工具及时赶往现场				
是否听命于现场总指挥				
现场设备是否确认运行正常				
学习中存在的问题或感悟				

模块训练

 任务训练单

班级：   姓名：   训练时间：

任务训练单	突发事件处理
任务目标	熟悉台风来袭后应急相关事项，熟悉车站发生火灾应急相关事项
任务训练	请从下列任务中选择其中的两个进行训练：台风来袭后应急相关事项、车站发生火灾应急相关事项

任务训练一
（说明：总结作业流程，并在作业现场进行实操训练或者上机在模拟软件上完成实操训练）

任务训练二
（说明：总结作业流程，并在作业现场进行实操训练或者上机在模拟软件上完成实操训练）

任务训练的其他说明或建议：

指导老师评语：

任务完成人签字：   日期：   年   月   日
指导老师签字：   日期：   年   月   日

模块小结

本模块讲述了突发事件应急处理预案的编制目的、依据、适用范围及工作原则。介绍了应急预案的体系和突发事件的分类，对危险源进行了分析，并且明确了应急机构与职责。简单介绍了突发事件应急响应、后期处置、保障措施、宣传和培训演练等相关知识。

模块自测

一、填空题

1. 台风天气来临需要对高架站设备加强（　　　　　　），必要时（　　　　　　）。
2. 遇到突发情况需要（　　　　　　），注意（　　　　　　）。

二、简答题

1. 台风天气出行需要带哪些安全防护用品？
2. 车站发生火灾，赶往现场前和到达现场后需要做些什么？

安全门维护员初级育人标准

业务模块	工作事项	业务活动	技能要求	知识和规章要求	培训方法及课时	经验要求与培训效果验证
一、工作交接	故障交接	1.接报故障；2.故障记录；3.故障跟踪	1.1 能独立接报故障；2.1 能独立记录故障；3.1 能及时闭环故障记录	1.相关规章：《安全门工班运作及工作职责》——工作分配，注意事项处理流程，注意事项；2.相关知识：《地铁屏蔽门系统介绍》——3.机械机构；4.电气结构	1.教学重点：安全门维护员故障交接的内容和注意事项；2.教学方法：主要是课堂讲授、现场模拟等方法；3.培训资料：现场讲授相关的材料和理论课件；4.课时：理论1；实操1	1.培训练习要求：在实际工作不定期现场模拟练习3次以上，能熟练完成交接班作业，台账填写正确、工整，无遗漏；2.工作经验要求：熟练掌握故障接报，交接班作业独立完成
	交接班作业	1.确认设备运行情况；2.相关台账填写；3.工器具交接	1.1 能独立确认设备运行状态；2.1 能独立记录相关台账；3.1 能独立确认工器具使用情况	1.相关规章：《安全门工班运作及工作职责》——工作分配，注意事项处理流程，注意事项；2.相关知识：《地铁屏蔽门系统介绍》——3.机械机构；4.电气结构	1.教学重点：安全门维护作业的内容和注意事项；2.教学方法：主要是课堂讲授、现场讲授等方法；3.培训资料：现场讲授相关的材料和课件。现场实操和理论讲解；4.课时：理论1；实操2	掌握故障接报，并能按照作业现各种安全标准，能及时发现安全隐患，防止安全事件的发生。工作期间未出现由于个人违规程而造成的严重后果或不良影响
二、安全门设备操作	设备状态检查	1.设备房工作环境检查；2.安全回路状态检查；3.滑动门工作状态检查；4.激光工作状态检查；5.端门状态检查	1.1 能检查设备房工作环境，有问题及时反馈；2.1 能检查安全回路状态，有问题及时反馈；3.1 能检查滑动门状态，有问题及时反馈；4.1 能检查激光状态，有问题及时反馈；5.1 能检查端门状态，有问题及时反馈	1.相关规章：《屏蔽门/安全门系统维修作业规程》——作业内容和方法；2.相关知识：《地铁屏蔽门系统介绍》——3.机械机构；4.电气结构	1.教学重点：安全门设备状态检查的内容和注意事项；2.教学方法：主要是课堂讲授、现场模拟等方法；3.培训资料：现场讲授相关的材料和理论课件。现场实操和理论讲解；	1.培训练习要求：在实际工作不定期现场模拟练习3次以上，能设备状态检查台账，台账填写正确、工整，无遗漏；2.工作经验要求：掌握设备状态检查确认，站台作业，设备房作业流程，并能按照要求独立完成各

续表

业务模块	工作事项	业务活动	技能要求	知识和规章要求	培训方法及课时	经验要求与培训效果验证
	设备状态检查	6.双电源开关柜工作状态检查； 7.PSC柜工作状态检查； 8.控制电源柜工作状态检查； 9.驱动电源工作状态检查； 10.IBP工作状态检查； 11.PSL工作状态检查；	6.1能检查双电源开关柜工作状态，有问题及时反馈； 7.1能检查PSC柜工作状态，有问题及时反馈； 8.1能检查控制电源柜工作状态，有问题及时反馈； 9.1能检查驱动电源工作状态，有问题及时反馈； 10.1能检查IBP工作状态，有问题及时反馈； 11.1能检查PSL工作状态，有问题及时反馈；		4.课时：理论2；实操4	……项认真执行作业标准，工作期间发现各种安全隐患，及时止安全事件的发生。防工作期间未出现由于个人违反安全规章或操作规程而造成严重后果或不良影响
二、安全门设备操作	站台相关设备的操作	1.PSL开关门； 2.PSL互锁解除； 3.LCB开关单门； 4.LCB隔离单门； 5.检测软件的使用	1.1能独立操作PSL开关门； 2.1能独立操作PSL互锁解除； 3.1能独立操作LCB开关门； 4.1能独立操作LCB隔离单个门； 5.1能通过检测软件执行安全门状态监测和数据刷新	1.相关规章： 《屏蔽门/安全门系统维护规程》——4.作业内容和方法； 2.相关知识： 《地铁屏蔽门系统介绍》——3.机构；4.电气结构；《屏蔽门故障处理指南》——12.1故障记录下载操作	1.教学重点：安全门维护员站台操作内容及注意事项； 2.教学方法：课堂讲授、现场情景模拟等教学方法； 3.培训资料：现场讲授，要求有培训相关的材料和现场实操和理论讲解。 4.课时：理论2；实操2	1.培训练习要求：在实际工作不定期现场模拟练习3次以上，能熟练进行设备房、车控室内各项作业； 2.工作经验要求：掌握特殊情况下的列车运行规定，并能按照各项作业标准、工作期间认真执行各项作业，及时发现各种安全隐患
	车控室相关设备的操作	1.IBP盘开关门操作； 2.综合监控安全门界面查看	1.1能独立进行IBP盘开关门操作； 2.1能独立进行综合监控安全门界面查看		1.教学重点：安全门相关操作内容； 2.教学方法：课堂讲授、现场情景模拟等教学方法； 3.培训资料：现场讲授，要求有培训的材料和课件。现场实操和理论讲解； 4.课时：理论1；实操2	

续表

业务模块	工作事项	业务活动	技能要求	知识和规章要求	培训方法及课时	经验要求与培训效果验证
三、安全门设备维护	门机系统的组成和维护作业	1.驱动机构维护; 2.传动机构维护; 3.电磁锁单元维护; 4.DCU(门控单元)维护; 5.LCB(就地控制盒)维护; 6.驱动回路维护; 7.控制回路维护; 8.门头灯维护	1.1 能在规定的时间内完成驱动机构的维护作业; 2.1 能在规定的时间内配合完成传动机构的维护作业; 3.1 能在规定的时间内配合完成电磁锁单元的维护作业; 4.1 能在规定的时间内配合完成DCU(门控单元)的维护作业; 5.1 能在规定的时间内配合完成LCB(就地控制盒)维护作业; 6.1 能在规定的时间内配合完成驱动回路维护作业; 7.1 能在规定的时间内配合完成控制回路的维护作业; 8.1 能在规定的时间内完成门头灯的维护作业;	1.相关规章:《施工管理规定》;7.施工安全管理;8.进场施工管理规定;10.施工组织;《屏蔽门/安全门系统维修维护规程》——4.作业内容和方法; 2.相关知识:《地铁屏蔽门系统介绍》——3.机械机构;4.电气结构	1.教学重点:安全门维护员门机系统维护内容及注意事项; 2.教学方法:课堂讲授、现场情景模拟等教学方法; 3.培训资料:现场讲授。现场有培训相关的材料和要求有培训实操和理论讲解; 4.课时:理论4;实操16	1.培训练习要求:在实际工作不定期现场模拟练习3次以上,能熟练进行安全门维修作业; 2.工作经验要求:熟练掌握门机系统、激光探测设备系统、供电系统等维护规定,并能按照各项要求独立完成各项作业内容;工作期间能及时发现各种安全标准、隐患,防止安全事件的发生,工作期间未出现由于个人违反规定而造成严重后果、不良影响
	PSC柜维护	1.柜内清灰; 2.接线排维护; 3.开关元器件维护; 4.继电器维护; 5.PLC维护; 6.PSA维护	1.1 能在规定的时间内完成柜内清灰作业; 2.1 能在规定的时间内配合完成接线排的维护作业; 3.1 能在规定的时间内配合完成开关元器件的维护作业; 4.1 能在规定的时间内配合完成继电器的维护作业; 5.1 能在规定的时间内配合完成PLC的维护作业; 6.1 能在规定的时间内配合完成PSA的维护作业;		1.教学重点:安全门维护员PSC柜维护内容; 2.教学方法:课堂讲授、现场情景模拟等教学方法; 3.培训资料:现场讲授。现场有培训相关的材料和要求有培训实操和理论讲解; 4.课时:理论2;实操4	
	驱动电源柜维护	1.柜内清灰; 2.指示灯维护; 3.接线排和接线端子维护;	1.1 能在规定的时间内完成柜内清灰作业; 2.1 能在规定的时间内完成指示灯的维护作业;		1.教学重点:安全门维修维护员驱动电源柜维护内容及注意事项; 2.教学方法:课堂讲授、	

续表

业务模块	工作事项	业务活动	技能要求	知识和规章要求	培训方法及课时	经验要求与培训效果验证
三、设备维护能力	驱动电源柜维护	4.开关元器件维护；5.数显管维护；6.电源监控器的维护；7.整流模块维护	3.1 能在规定的时间内配合完成接线排和接线端子的维护作业；4.1 能在规定的时间内配合完成开关元器件的维护作业；5.1 能在规定的时间内配合完成数显管的维护作业；6.1 能在规定的时间内配合完成电源监控器的维护作业；7.1 能在规定的时间内配合完成整流模块维护作业；		现场情景模拟等教学方法；3.培训资料：现场讲授，要求有培训的材料和课件。现场实操和理论讲解；4.课时：理论2；实操4	
	控制电源柜维护	1.柜内清灰；2.指示灯维护；3.接线排和接线端子维护；4.开关元器件维护；5.数显表维护；6.蓄电池维护	1.1 能在规定的时间内完成柜内清灰作业；2.1 能在规定的时间内完成指示灯的维护作业；3.1 能在规定的时间内配合完成接线排和接线端子维护作业；4.1 能在规定的时间内完成开关元器件的维护作业；5.1 能在规定的时间内完成数显表的维护作业；6.1 能在规定的时间内完成蓄电池的维护作业		1.教学重点：安全门维护员控制电源柜维护与素护内容及注意事项；2.教学方法：课堂讲授、现场情景模拟等教学方法；3.培训资料：现场讲授，要求有培训相关的材料和课件。现场实操和理论讲解；4.课时：理论2；实操4	
	门体结构维护	1.固定门门体维护；2.滑动门门体维护；3.端门门体维护；4.固定机构维护	1.1 能在规定的时间内完成固定门门体的维护作业；2.1 能在规定的时间内完成滑动门门体的维护作业；3.1 能在规定的时间内完成端门门体的维护作业；4.1 能在规定的时间内完成固定机构的素护作业		1.教学重点：安全门维护员门体结构维修和素护内容及注意事项；2.教学方法：课堂讲授、现场情景模拟等教学方法；3.培训资料：现场讲授，要求有培训相关的材料和	

续表

业务模块	工作事项	业务活动	技能要求	知识和规章要求	培训方法及课时	经验要求与培训效果验证
三、设备维护能力	门体结构维护	5. 盖板维护； 6. 绝缘维护； 7. 等电位维护	5.1 能在规定的时间内配合完成盖板的维护作业； 6.1 能在规定的时间内配合完成绝缘的维护作业； 7.1 能在规定的时间内配合完成等电位的维护作业		课件；现场实操和理论讲解； 4. 课时：理论 8；实操 16	
	其他维护	1. 门槛灯维护； 2. PIS系统维护； 3. 瞭望灯带维护； 4. 双电源柜维护	1.1 能在规定时间内配合完成门槛灯维护作业； 2.1 能在规定时间内配合完成PIS系统维护作业； 3.1 能在规定时间内配合完成瞭望灯带维护作业； 4.1 能在规定时间内配合完成双电源柜维护作业		1. 教学重点：安全门其他维修人员其他维修的内容； 2. 教学方法：课堂讲授、现场情景模拟等教学方法； 3. 培训资料：现场讲授，要求有培训相关的材料和课件；现场实操和理论讲解； 4. 课时：理论 2；实操 8	
四、故障应急处理	单个滑动门故障应急处理	1. 单个滑动门无法开启机械问题处理； 2. 单个门体无法关闭机械问题处理； 3. 单个门体的门锁无法落到位处理； 4. 单个滑动门无法开启电气问题处理； 5. 单个门电气问题关闭处理	1.1 能独立检查门是否有异物卡滞； 1.2 能独立检查皮带是否断裂； 1.3 能独立判断门体是否倾斜； 1.4 能独立判断断丝螺丝是否松动； 2.1 能独立检查门是否有异物卡滞； 2.2 能独立检查皮带是否断裂、松动； 2.3 能独立判断门体是否倾斜； 2.4 能独立判断断丝螺丝是否松动；	1. 相关规章： 《行车组织规则》——9.5 屏蔽门故障处理；《施工管理规定》——7 施工安全管理规定 8 进场施工管理规定；10 施工组织； 2. 相关知识： 《屏蔽门故障处理指南》——4 滑动门故障处理指南	1. 教学重点：安全门故障应急处理； 2. 教学方法：课堂讲授、现场情景模拟等教学方法； 3. 培训资料：现场讲授，要求有培训相关的材料和课件；现场实操和理论讲解； 4. 课时：理论 16；实操 16	1. 培训练习要求：在实际工作不定期现场模拟练习 2 次以上，能熟练进行单个滑动门故障应急处理； 2. 工作经验要求：掌握单个滑动门机械故障处理流程，并能按照要求独立完成故障处理；工作期间，及时认真执行各现行作业标准，发现各种安全隐患

续表

业务模块	工作事项	业务活动	技能要求	知识和规章要求	培训方法及课时	经验要求与培训效果验证
四、故障应急处理	单个滑动门故障应急处理		3.1 能独立检查门体是否有异物卡带； 3.2 能独立检查皮带是否断裂； 3.3 能独立判断门体是否倾斜； 3.4 能独立判断螺丝是否松动； 3.5 能独立检查判断门关锁间隙大小； 4.1 能独立检查电压是否正常； 4.2 能独立检查线路是否松脱； 4.3 能独立判断断板卡是否异常； 4.4 能独立判断电机是否异常； 4.5 能独立判断断电磁阀是否异常； 5.1 能独立检查电压是否正常； 5.2 能独立检查线路是否松脱； 5.3 能独立判断断板卡是否异常； 5.4 能独立判断电机是否异常； 5.5 能独立判断断电磁阀是否异常			
	多个滑动门故障应急处理	1. 多个滑动门无法开启故障处理； 2. 多个滑动门无法关闭故障处理	1.1 能独立判断驱动柜内电源空开是否跳闸； 1.2 能独立判断分线盒是否损坏； 1.3 能独立判断开关门逻辑命令线是否松脱； 1.4 能独立判断开门操作时是否出现开门命令持续时间过短报警； 2.1 能独立判断驱动柜内电源空开是否跳闸； 2.2 能独立判断分线盒是否损坏；	1. 相关规章： 《行车组织规则》——9.5 屏蔽门故障处理；《施工管理规定》——7 施工安全管理；《施工管理规定》——8 进场施工管理；10 施工组织； 2. 相关知识： 《屏蔽门故障处理指南》——4 滑动门故障处理指南	1. 教学重点：安全门维护员多个滑动门故障应急处理内容； 2. 教学方法：课堂讲授、现场情景模拟等教学方法； 3. 培训资料：现场讲授、相关培训的材料和课件；现场实操和理论讲解； 4. 课时：理论8；实操8	1. 培训练习要求：在实际工作不定期现场模拟练习2次以上，能熟练进行多个滑动门故障应急处理； 2. 工作经验要求：掌握多个滑动门故障处理流程，并能按照独立处理要求；工作期间独立认真执行作业标准，及时发现各种现场安全隐患

续表

业务模块	工作事项	业务活动	技能要求	知识和规章要求	培训方法及课时	经验要求与培训效果验证
	多个滑动门故障应急处理		2.3 能独立判断开关门逻辑命令线是否松脱；2.4 能独立判断开门操作时是否出现开门命令线持续时间过长报警			
四、故障应急处理	闭锁信号中断应急处理	1.滑动门、应急门未关闭故障处理；2.行程开关故障处理；3.激光系统故障处理	1.1 能独立确认未关门，应急门的位置及数量；2.1 能独立检测出行程开关故障点；3.1 能独立判断激光系统故障导致闭锁信号中断	1.相关规章：《行车组织规则》——9.5屏蔽门故障处理；《施工安全管理规定》——7施工安全管理；8进场施工管理规定；10施工组织；2.相关知识：《屏蔽门故障处理指南》——5闭锁信号中断故障	1.教学重点：安全门维护员闭锁信号中断应急处理内容；2.教学方法：课堂讲授、现场情景模拟等教学方法；3.培训资料：现场讲授要求有培训相关的材料和课件；现场实操和理论讲解；4.课时：理论4；实操2	1.培训练习要求：在实际工作不定期现场模拟练习2次以上，能熟练应急处理；2.工作经验要求：工作期间故障处理流程闭锁信号中断能按要求独立完成，并能按故障处理要求独立完成故障处理，工作期间认真执行各种作业标准，及时发现安全隐患
	通信故障应急处理	1.单个DCU无法通信故障处理；2.多个DCU无法通信故障处理；3.整侧站台DCU无法通信故障处理；4.与综合监控通信失败故障处理	1.1 能独立判断单个门内CAN总线是否松脱；1.2 能独立判断单个门有无故障；2.1 能独立判断多个门内CAN总线是否松脱；2.2 能独立判断多个门有无故障；3.1 能独立判断PSC柜内相关空开状态；3.2 能独立检测并判断PSC内CAN总线引出线是否异常；4.1 能独立判断空开状态；4.2 能独立检测并判断PSC内CAN总线引出线是否异常；4.3 能独立检测并判断网线是否异常	1.相关规章：《行车组织规则》——9.5屏蔽门故障处理；《施工管理规定》——7施工安全管理；8进场施工组织；施工管理规定；2.相关知识：《屏蔽门故障处理指南》——9通信故障	1.教学重点：安全门通信故障应急处理内容；2.教学方法：课堂讲授、现场情景模拟等教学方法；3.培训资料：现场讲授要求有培训相关的材料和课件；现场实操和理论讲解；4.课时：理论4；实操2	1.培训练习要求：在实际工作不定期现场模拟练习2次以上，能熟练应急处理；2.工作经验要求：通讯故障处理要求独立完成通信故障处理流程，按照故障处理流程独立完成，并认真执行行作，工作期间认真执行作业标准，及时发现各种现场安全隐患

续表

业务模块	工作事项	业务活动	技能要求	知识和规章要求	培训方法及课时	经验要求与培训效果验证
	信号系统故障应急处理	信号系统故障应急处理	1.1 能初步确认是否为本专业故障	1.相关规章：《行车组织规则》——9.5 屏蔽门故障处理；《施工管理规定》——7 施工管理；8 进场施工管理规定；10 施工组织；2.相关知识：《屏蔽门故障处理指南》——5 闭锁信号中断故障	1.教学重点：安全门维护员信号系统故障处理内容；2.教学方法：课堂讲授、现场情景模拟等教学方法；3.培训资料：现场有培训相关的材料和实操和理论讲解；4.课时：理论4；实操2	1.培训练习要求：在实际工作不定期现场模拟练习2次以上，能熟练进行信号系统故障处理；2.工作经验要求：掌握信号系统故障处理流程，并能独立完成故障处理。工作期间要求认真执行作业标准，及时发现各种安全隐患
	电源系统故障应急处理	1.双电源故障处理；2.驱动柜故障处理；3.控制柜故障处理	1.1 能检测判断是否异常；2.1 能检测判断驱动柜故障点；3.1 能检测判断控制柜故障点	1.相关规章：《行车组织规则》——9.5 屏蔽门故障处理；《施工管理规定》——7 施工管理 8 进场施工管理规定 10 施工组织；2.相关知识：《屏蔽门故障处理指南》——8 电源系统故障	1.教学重点：安全门电源系统故障应急处理内容；2.教学方法：课堂讲授、现场情景模拟等教学方法；3.培训资料：现场有培训相关的材料和实操和理论讲解；4.课时：理论4；实操2	1.培训练习要求：在实际工作不定期现场模拟练习2次以上，能熟练进行电源系统故障处理；2.工作经验要求：掌握电源系统故障处理流程，并能独立完成故障处理。工作期间要求认真执行作业标准，及时发现各种安全隐患
四、故障应急处理	端门故障应急处理	1.端门状态监控故障应急处理；2.端门无法锁上的故障应急处理；3.端门无法打开的故障应急处理	1.1 能独立判断锁杆是否顶到位；1.2 能独立判断断行程开关是否损坏；1.3 能独立判断检测线路是否松脱；2.1 能独立判断端门固定螺丝是否松动；2.2 能独立判断锁杆内部结构是否错位	1.相关规章：《行车组织规则》——9.5 屏蔽门故障处理；《施工管理规定》——7 施工管理；8 进场施工管理规定；10 施工组织；2.相关知识：《屏蔽门故障处理指南》——6 端门锁闭故障	1.教学重点：安全门端门故障应急处理内容；2.教学方法：课堂讲授、现场情景模拟等教学方法；3.培训资料：现场有培训相关的材料和实操和理论讲解；	1.培训练习要求：在实际工作不定期现场模拟练习2次以上，能熟练进行端门应急处理；2.工作经验要求：掌握端门故障处理流程，并能独立完成故障处理。按照工作期间要求认真执行作业标准，及时发现各种现场安全隐患

续表

业务模块	工作事项	业务活动	技能要求	知识和规章要求	培训方法及课时	经验要求与培训效果验证
	端门故障应急处理		3.1 能独立判断端门固定螺丝是否松动； 3.2 能独立判断锁杆内部结构是否错位		4.课时：理论2；实操8	
四、故障应急处理	门体玻璃破碎应急处理	1.应急门、滑动门玻璃破碎应急处理； 2.固定门玻璃破碎应急处理； 3.端门玻璃破碎应急处理	1.1 能判断门体玻璃破碎是人为还是自爆； 1.2 能对破碎门体玻璃做应急处理； 1.3 能完成应急门打开； 2.1 能判断门体玻璃破碎是人为还是自爆； 2.2 能对破碎固定门玻璃做应急处理； 2.3 若无法做应急固定则能通过正确流程对玻璃进行急敲碎处理，以避免玻璃破碎侵害乘客人身； 3.1 能判断是人为还是自爆；	1.相关规章： 《行车组织规则》——9.5 屏蔽门故障处理；《施工管理规定》——7 施工安全管理；8 进场施工管理规定； 2.相关知识： 施工组织； 《屏蔽门故障处理指南》——11 门体玻璃电裂或破碎现场处置方案》	1.教学重点：安全门维护员门体玻璃破碎故障处理内容； 2.教学方法：课堂讲授、现场情景模拟等教学方法； 3.培训资料：现场的相关材料和理论讲解； 要求有培训实操件：现场实操和理论讲解； 4.课时：理论2；实操2	1.培训练习要求：在实际工作不定期现场模拟练习2次以上，能熟练应急处理； 2.工作经验：工作期间故障处理要求独立完成门体玻璃破碎故障处理流程，并能按照工作作业标准认真执行各现发现各种安全隐患
	人为操作故障应急处理	1.PSL、IBP操作不当导致开关门异常导致的故障应急处理； 2.乘客私行打开屏蔽门导致开关门异常导致的故障应急处理； 3.乘客冲撞滑动门导致开关门异常导致的故障应急处理； 4.夹人夹物导致的故障开关门异常进行应急处理	1.1 能利用监控操作流程； 1.2 能通过分析来判定责任归属； 2.1 能利用监控操作流程； 2.2 能通过分析来判定责任归属； 3.1 能利用监控操作流程； 3.2 能通过分析来判定责任归属； 4.1 能利用监控操作流程； 4.2 能通过分析来判定责任归属	1.相关规章： 《行车组织规则》——9.5 屏蔽门故障处理； 2.相关知识： 《屏蔽门设备故障现场处理方案》	1.教学重点：认为操作故障应急处理内容； 2.教学方法：课堂讲授、现场情景模拟等教学方法； 3.培训资料：现场的相关材料和理论讲解； 要求有培训实操件：现场实操和理论讲解； 4.课时：理论4；实操4	1.培训练习要求：在实际工作不定期现场模拟练习2次以上，认为操作故障处理； 2.工作经验：工作期间故障处理要求独立完成人为操作故障处理，并能按照工作作业标准认真执行各现发现各种安全隐患

续表

业务模块	工作事项	业务活动	技能要求	知识和规章要求	培训方法及课时	经验要求与培训效果验证
五、突发事件处理	自然灾害	恶劣天气应急处理	1.1 能及时报行调； 1.2 能够按照规定进行故障应急处置； 1.3 能遵循先通后复的原则； 1.4 能掌握请求救援的流程（报告内容、救援操作）； 1.5 能及时向上级反馈现场信息	1.相关规章： 《行车组织规则》——9.5屏蔽门故障处理 2.相关知识： 《屏蔽门设备故障现场处理方案》	1.教学重点：安全门维护员自然灾害处理内容； 2.教学方法：课堂讲授、现场讲授、模拟等教学方法； 3.培训资料：现场讲授有培训相关的材料和要求；现场实操和理论讲解； 4.课时：理论2；实操2	1.培训练习要求：在实际工作不定期现场模拟练习2次以上，能熟练进行突发事件处理； 2.工作经验验证要求：掌握自然灾害类事件的应急处理流程，并按照要求独立完成应急处理；认真执行作业标准，工作期间及时发现各种安全隐患
	火灾	设备房火灾应急处理	1.1 能及时报行调； 1.2 能够按照规定进行故障应急处置； 1.3 能遵循先通后复的原则； 1.4 能掌握请求救援的流程（报告内容、救援操作）； 1.5 能及时向上级反馈现场信息		1.教学重点：安全门维护员火灾处理内容； 2.教学方法：课堂讲授、现场讲授、模拟等教学方法； 3.培训资料：现场讲授有培训相关的材料和要求；现场实操和理论讲解； 4.课时：理论2；实操2	

安全门维护员中级育人标准

业务模块	工作事项	业务活动	技能要求	知识和规章要求	培训方法及课时	经验要求与培训效果验证
一、工作交接	故障交接	1.接报故障；2.故障记录；3.故障跟踪	1.1 详见初级标准；1.2 能独立接报故障，并对故障进行合理分类；2.1 详见初级标准；2.2 能独立记录故障，要求故障记录本记录完整无错误；3.1 详见初级标准；3.2 能及时闭环故障记录，并针对部分未及时闭环的故障进行梳理及时传达	1.相关规章：《安全门工班运作工作职责》——工作分配，故障处理流程，注意事项；2.相关知识：《地铁屏蔽门系统介绍》——3.机械屏蔽机构；4.电气结构	1.教学重点：安全门维护员故障交接的内容和注意事项；2.教学方法：主要是课堂讲授、现场模拟等教学方法；3.培训资料：现场讲授，要求有培训相关的材料和理论讲课件。现场实操和理论讲解；4.课时：理论 1；实操 1	1.培训练习要求：在实际工作不定期现场模拟练习 5 次以上，能熟练交接班作业，台账填写正确、工整，无遗漏；2.工作经验要求：熟练掌握故障接报，交接班作业等流程，并能按照要求独立完成各项工作。工作期间能及时发现各种安全标准，能及时发现并制止安全隐患，防止安全事件的发生。工作期间未出现由于个人违反安全规章而造成严重的后果或不良影响
	交接班作业	1.确认设备运行情况；2.相关台账填写；3.工器具交接	1.1 详见初级标准；1.2 能独立确认设备运行状态；2.1 详见初级标准；2.2 能独立记录相关要求台账记录完整无错误；3.1 详见初级标准；3.2 能独立确认工器具使用情况，做好交接		1.教学重点：安全门维护员交接班作业的内容和注意事项；2.教学方法：主要是课堂讲授、现场模拟等教学方法；3.培训资料：现场讲授，要求有培训相关的材料和理论实操讲课件。现场实操和理论讲解；4.课时：理论 1；实操 1	
二、安全门设备状态检查	设备状态检查	1.设备房工作环境检查；2.安全回路状态检查；3.滑动门工作状态检查；4.激光工作状态检查；5.端门状态检查	1.1 详见初级标准；1.2 能检查设备房工作环境，能基本解决遇到的问题；2.1 详见初级标准；2.2 能检查安全回路状态，能基本解决安全回路状态遇到的问题；3.1 详见初级标准；3.2 能检查滑动门状态，能基本解决检查遇到的问题	1.相关规章：《屏蔽门/安全门系统维修操作规程》——作业内容和方法；2.相关知识：《地铁屏蔽门系统介绍》——3.机械屏蔽机构；4.电气结构	1.教学重点：安全门设备的内容和注意事项；2.教学方法：主要是课堂讲授、现场模拟等教学方法；3.培训资料：现场讲授，要求有培训相关的材料和理论实操讲课件。现场实操和理论讲解；4.课时：理论 1；实操 2	1.培训练习要求：在实际工作不定期现场模拟练习 5 次以上，能熟练完成设备状态检查工作及各项站台操作，台账填写正确、工整，无遗漏；2.工作经验要求：掌握作业流程，设备状态检查房作业的要求，站台作业等要求，并能按照作业要求独立完成各

续表

业务模块	工作事项	业务活动	技能要求	知识和规章要求	培训方法及课时	经验要求与培训效果验证
二、安全门设备操作	设备状态检查	6. 双电源开关柜工作状态检查; 7. PSC柜工作状态检查; 8. 控制电源柜工作状态检查; 9. 驱动电源工作状态检查; 10. PSL工作状态检查; 11. IBP工作状态检查	4.1 详见初级标准; 4.2 能检查激光工作状态,能基本解决检查遇到的问题; 5.1 详见初级标准; 5.2 能检查门端工作状态,能基本解决检查遇到的问题; 6.1 详见初级标准; 6.2 能检查双电源开关柜工作状态,能基本解决检查遇到的问题; 7.1 详见初级标准; 7.2 能检查PSC柜工作状态,能基本解决检查遇到的问题; 8.1 详见初级标准; 8.2 能检查控制电源柜工作状态,能基本解决检查遇到的问题; 9.1 详见初级标准; 9.2 能检查驱动电源工作状态,能基本解决检查遇到的问题; 10.1 详见初级标准; 10.2 能检查PSL工作状态,能基本解决检查遇到的问题; 11.1 详见初级标准; 11.2 能检查IBP工作状态,能基本解决检查遇到的问题			项作业内容。工作期间能认真执行作业标准,能及时发现各种安全隐患,防止安全事件的发生。工作期间未出现由于个人违反安全规章或操作规程造成严重后果或不良影响

续表

业务模块	工作事项	业务活动	技能要求	知识和规章要求	培训方法及课时	经验要求与培训效果验证
二、安全门设备操作	站台相关设备的操作	1.PSL 开关门；2.PSL 互锁解除；3.LCB 开关门；4.LCB 隔离单个门；5.检测软件的使用	1.1 详见初级标准；1.2 能在应急情况下操作 PSL 开关门；2.1 详见初级标准；2.2 能应急情况下操作 PSL 互锁解除；3.1 详见初级标准；3.2 能应急情况下操作 LCB 开关门；4.1 详见初级标准；4.2 能应急情况下操作 LCB 隔离单个门；5.1 详见初级标准；5.2 能通过检测软件执行安全门状态监控和数据刷新，并熟练进行数据分析		1.教学重点：安全门维护员站台相关操作内容及注意事项；2.教学方法：课堂讲授、现场情景模拟等教学方法；3.培训资料：现场讲授，要求有培训相关的材料和现场实操和理论讲解；4.课时：理论 1；实操 1	
	车控室相关的操作	1.IBP 盘开关门操作；2.综合监控安全门界面查看	1.1 详见初级标准；1.2 能独立进行 IBP 盘开关门操作；2.1 详见初级标准；2.2 能独立进行综合监控安全门界面查看，及数据分析	1.相关规章：《施工安全管理规定》——7.施工安全管理；8.进场施工管理规定；10.施工组织；《屏蔽门/安全门系统维修护规程》——4.作业内容和方法；2.相关知识：《地铁屏蔽门系统介绍》——3.机械屏蔽门机构；4.电气结构；《屏蔽门故障处理指南》——12.1 故障门记录下载操作	1.教学重点：安全门相关操作内容；2.教学方法：课堂讲授、现场情景模拟等教学方法；3.培训资料：现场讲授，要求有培训相关的材料和现场实操和理论讲解；4.课时：理论 1；实操 1	1.培训练习要求：在实际工作不定期现场模拟练习 5 次以上，能熟练进行设备房、车控室内各项作业；2.工作经验要求：掌握列车运行规定，并能按照列车运行规定独立完成各项作业，认真执行作业标准，及时发现各种安全隐患

业务模块	工作事项	业务活动	技能要求	知识和规章要求	培训方法及课时	经验要求与培训效果验证
三、安全门设备维护	门机系统的组成和维护作业	1. 驱动机构维护; 2. 传动机构维护; 3. 电磁锁单元维护; 4.DCU（门控单元）维护; 5.LCB（就地控制盒）维护; 6. 驱动回路维护; 7. 控制回路维护; 8. 门头灯维护	1.1 详见初级标准; 1.2 能在规定的时间内独立完成驱动机构的维护作业; 1.3 在固定的养护周期内不能发生与维护作业相关的故障; 2.1 详见初级标准; 2.2 能在规定的时间内独立完成传动机构维护作业; 2.3 在固定的养护周期内不能发生与维护作业相关的故障; 3.1 详见初级标准; 3.2 能在规定的时间内独立完成电磁锁单元（门控单元）维护作业; 3.3 在固定的养护周期内不能发生与维护作业相关的故障; 4.1 详见初级标准; 4.2 能在规定的时间内独立完成DCU（门控单元）维护作业; 4.3 在固定的养护周期内不能发生与维护作业相关的故障; 5.1 详见初级标准; 5.2 能在规定的时间内独立完成LCB（就地控制盒）维护作业; 5.3 在固定的养护周期内不能发生与维护作业相关的故障; 6.1 详见初级标准;		1.教学重点：安全门维护系统维护内容及注意事项; 2.教学方法：课堂讲授、现场情景模拟等教学方法; 3.培训资料：现场讲授相关的材料等课件；现场实操和理论讲解; 4.课时：理论2；实操8	1.培训要求：在实际工作不定期现场模拟练习5次以上，能熟练进行安全门养护作业; 2.工作经验要求：熟练掌握门机系统、激光探测设备系统、供电系统等维护规定，并能按照要求独立完成各项作业内容。工作期间能及时发现各种安全隐患，防止安全事件的发生;工作期间未违反运行规定由于个人造成各种安全事件出现而严重后果、不良影响

续表

业务模块	工作事项	业务活动	技能要求	知识和规章要求	培训方法及课时	经验要求与培训效果验证
三、安全门设备维护	门机系统组成和维护作业		6.2 能在规定的时间内独立完成驱动回路维护作业; 6.3 能发生与维护周期内相关作业的故障; 7.1 详见初级标准; 7.2 能在规定的时间内独立完成控制回路维护作业; 7.3 能发生与维护周期内相关作业的故障; 8.1 详见初级标准; 8.2 能在规定的时间内独立完成门头灯维护作业; 8.3 能发生与维护周期内相关作业的故障;			
	PSC柜维护	1.接线排维护 2.开关元器件维护 3.继电器维护 4.PLC维护 5.PSA维护	1.1 详见初级标准; 1.2 能在规定的时间内独立完成接线排维护作业; 1.3 能发生与维护周期内相关作业的故障; 2.1 详见初级标准; 2.2 能在规定的时间内独立完成开关元器件维护; 2.3 能发生与维护周期内相关作业的故障; 3.1 详见初级标准; 3.2 能在规定的时间内独立完成继电器的维护作业;		1.教学重点：安全门维护员PSC柜维护内容; 2.教学方法：课堂讲授、现场情景模拟等教学方法; 3.培训资料：现场讲授、要求有培训相关的材料和现场实操的材料和理论讲课件; 4.课时：理论1；实操2	

续表

业务模块	工作事项	业务活动	技能要求	知识和规章要求	培训方法及课时	经验要求与培训效果验证
三、安全门设备维护	PSC柜维护		3.3 在固定的维护周期内不能发生的与维护作业相关的故障； 4.1 详见初级标准 4.2 能在规定的时间内独立完成PLC的维护作业。 4.3 在固定的维护周期内不能发生的与维护作业相关的故障； 5.1 详见初级标准； 5.2 能在规定的时间内独立完成PSA的维护作业； 5.3 在固定的维护周期内不能发生的与维护作业相关的故障			
	驱动电源柜维护	1.指示灯维护 2.接线排和接线端子维护 3.开关元器件维护 4.数显管维护 5.电源监控器的维护 6.整流模块维护	1.1 详见初级标准； 1.2 能在规定的时间内独立完成指示灯的维护作业； 1.3 在固定的维护周期内不能发生的与维护作业相关的故障； 2.1 详见初级标准； 2.2 能在规定的时间内独立完成接线排和接线端子的维护作业； 2.3 在固定的维护周期内不能发生的与维护作业相关的故障； 3.1 详见初级标准； 3.2 能完成开关元器件的维护作业；		1.教学重点：安全门维护员驱动电源柜维修与养护内容及注意事项； 2.教学方法：课堂讲授、现场情景模拟等教学方法； 3.培训有培训相关的材料和要求课件；现场实操和理论讲解； 4.课时：理论1；实操2	

续表

业务模块	工作事项	业务活动	技能要求	知识和规章要求	培训方法及课时	经验要求与培训效果验证
三、安全门设备维护	驱动电源柜维护		3.3 能发生在固定的养护周期内不相关作业的故障； 4.1 详见初级标准； 4.2 能在规定的时间内独立完成数显管的维护作业； 4.3 能发生在固定的养护周期内不相关维护作业相关的故障； 5.1 详见初级标准； 5.2 能在规定的时间内独立完成电源监控器的维护作业； 5.3 能发生在固定的养护周期内不相关维护作业相关的故障； 6.1 详见初级标准； 6.2 能在规定的时间内独立完成整流模块的维护作业； 6.3 能发生在固定的养护周期内不相关维护作业相关的故障			
	控制电源柜维护	1. 指示灯维护 2. 接线排和接线端子维护 3. 开关元器件维护 4. 数显表维护 5. 蓄电池维护	1.1 详见初级标准； 1.2 能在规定的时间内独立完成指示灯的维护作业； 1.3 能发生在固定的养护周期内不相关维护作业相关的故障； 2.1 详见初级标准； 2.2 能在规定的时间内独立完成接线排和接线端子的维护作业； 2.3 在固定的养护周期内不		1.教学重点：安全门维护员控制电源柜维修与养护内容及注意事项； 2.教学方法：课堂讲授、现场情景模拟等教学方法； 3.培训资料：现场讲授，要求有培训相关的材料和课件；现场实操和理论讲解； 4.课时：理论1；实操2	

续表

业务模块	工作事项	业务活动	技能要求	知识和规章要求	培训方法及课时	经验要求与培训效果验证
三、安全门设备维护	控制电源柜维护		能发生与维护作业相关的故障；3.1 详见初级标准；3.2 能在规定的时间内独立完成开关元器件的养护作业；3.3 在固定的养护周期内不能发生与维护作业相关的故障；4.1 详见初级标准；4.2 能在规定的时间内独立完成数显表的维护作业；4.3 在固定的养护周期内不能发生与维护作业相关的故障；5.1 详见初级标准；5.2 能在规定的时间内独立完成蓄电池的维护作业；5.3 在固定的养护周期内不能发生与维护作业相关的故障			
	门体结构维护	1.固定门门体维护；2.滑动门门体维护；3.端门门体维护；4.固定机构维护；5.盖板维护；6.绝缘维护；7.等电位维护	1.1 详见初级标准；1.2 能在规定的时间内独立完成固定门门体的维护作业；1.3 在固定的养护周期内不能发生与维护作业相关的故障；2.1 详见初级标准；2.2 能在规定的时间内独立完成滑动门门体的维护作业；2.3 在固定的养护周期内不能发生与维护作业相关的故障		1.教学重点：安全门维护员门体结构维修和养护内容及注意事项；2.教学方法：课堂讲授、现场情景模拟等教学方法；3.培训资料：现场讲授、要求有培训相关的材料和课件；现场实操和理论讲解；4.课时：理论2；实操16	

续表

业务模块	工作事项	业务活动	技能要求	知识和规章要求	培训方法及课时	经验要求与培训效果验证
三、安全门维护设备维护	门体结构维护		障； 3.1 详见初级标准； 3.2 能在规定的时间内独立完成端门门体的维护作业； 3.3 在固定的养护周期内不能发生与维护作业相关的故障； 4.1 详见初级标准； 4.2 能在规定的时间内独立完成固定机构的维护作业； 4.3 在固定的养护周期内不能发生与维护作业相关的故障； 5.1 详见初级标准； 5.2 能在规定的时间内独立完成盖板的维护作业； 5.3 在固定的养护周期内不能发生与维护作业相关的故障； 6.1 详见初级标准； 6.2 能在规定的时间内独立完成绝缘的维护作业； 6.3 在固定的养护周期内不能发生与维护作业相关的故障； 7.1 详见初级标准； 7.2 能在规定的时间内独立完成等电位的维护作业； 7.3 在固定的养护周期内不能发生与维护作业相关的故障			

续表

业务模块	工作事项	业务活动	技能要求	知识和规章要求	培训方法及课时	经验要求与培训效果验证
四、故障应急处理	单个滑动门故障处理	1.单个滑动门无法开启机械问题处理； 2.单个门体无法关闭机械问题处理； 3.单个门体的门头锁无法落到位机械问题处理； 4.单个滑动门无法开启电气问题处理； 5.单个门体电气问题关闭处理	1.1～1.4详见初级标准； 1.5能检查判断门体的顺畅程度，并根据检查结果进行故障处理； 1.6能检查判断滑动门皮带松紧度，并根据检查结果进行皮带调节； 1.7能检查判断门体倾斜度，并根据检查结果进行门体调节； 1.8能检查判断螺丝松紧度，并根据检查结果进行故障处理； 2.1～2.4详见初级标准； 2.5能检查判断门体的顺畅程度，并根据检查结果进行故障处理； 2.6能检查判断滑动门皮带松紧度，并根据检查结果进行皮带调节； 2.7能检查判断门体倾斜度，并根据检查结果进行门体调节； 2.8能检查判断螺丝松紧度，并根据检查结果进行故障处理； 3.1～3.5详见初级标准； 3.6能检查判断门体的顺畅程度，并根据检查结果进行故障处理； 3.7能检查判断滑动门皮带松紧度，并根据检查结果进行	1.相关规章： 《行车组织规则》——9.5屏蔽门故障处理；《施工管理规定》——7进场施工安全管理；8施工管理规定；10施工组织； 2.相关知识： 《屏蔽门故障处理指南》——4滑动门故障处理指南	1.教学重点：安全门维护员单个滑动门故障处理内容； 2.教学方法：课堂讲授、现场情景模拟等教学方法； 3.培训资料：现场讲授、现场实操的材料和理论要求有培训相关的材料和理论讲解； 4.课时：理论4；实操16	1.培训练习要求：在实际工作不定期现场模拟练习3次以上，能熟练进行单个滑动门故障处理； 2.工作经验要求：掌握单个滑动门机械故障处理流程，并能按照要求独立完成，并能按照要求执行作业标准，及时发现各种安全隐患

续表

业务模块	工作事项	业务活动	技能要求	知识和规章要求	培训方法及课时	经验要求与培训效果验证
四、故障应急处理	单个滑动门故障处理		皮带调节； 3.8 能检查判断门体倾斜度，并根据检查结果进行门体调节； 3.9 能检查判断螺丝松紧度，并根据检查结果进行故障处理； 3.10 能检查判断门头锁同门头锁大小，并根据检查结果进行门头锁调整； 4.1~4.5 详见初级标准； 4.6 能检查判断电压是否正常，并根据检查结果进行电压调节； 4.7 能检查判断线路是否松脱，并根据检查结果进行故障处理； 4.8 能检查判断板卡是否异常，并根据检查结果进行电路板更换； 4.9 能检查判断电机是否异常，并根据检查结果进行点击更换； 4.10 能检查判断电磁阀是否故障，并根据检查结果进行故障处理； 5.1~5.5 详见初级标准； 5.6 能检查判断电压是否正常，并根据检查结果进行电压调节； 5.7 能检查判断线路是否松脱，并根据检查结果进行故障			

续表

业务模块	工作事项	业务活动	技能要求	知识和规章要求	培训方法及课时	经验要求与培训效果验证
四、故障应急处理	单个滑动门故障处理		处理; 5.8 能检查判断卡板是否异常，并根据检查结果进行电路板更换; 5.9 能检查判断电机是否异常，并根据检查结果进行点击更换; 5.10 能检查判断电磁阀是否故障，并根据检查结果进行故障处理			
	多个滑动门故障应急处理	1.多个滑动门无法开启故障处理; 2.多个滑动门无法关闭故障处理	1.1~1.4 详见初级标准; 1.5 能检查判断驱动柜内电源空开状态，并根据检查结果进行处理; 1.6 能检查判断分线盒是否损坏，并根据检查结果进行更换; 1.7 能检查判断开门逻辑命令线是否松脱，并根据检查结果进行故障处理; 1.8 能检查判断开门命令持续时间是否出现开门令持续时间过短报警，并根据检查结果进行故障处理; 2.1~2.4 详见初级标准; 2.5 能检查判断驱动柜内电源空开状态，并根据检查结果进行处理; 2.6 能检查判断分线盒是否损坏，并根据检查结果进行更换; 2.7 能检查判断关门逻辑	1.相关规章: 《行车组织规则》——9.5 屏蔽门故障处理;《施工管理规定》——7 施工安全管理;《进场施工管理规定;10 施工组织; 2.相关知识: 《屏蔽门故障处理指南》——4 滑动门故障处理指南	1.教学重点:安全门维护员多个滑动门故障应急处理内容; 2.教学方法:课堂讲授、现场情景模拟等教学方法; 3.培训资料:现场讲授、现场实操相关的材料和要求有培训相关实操和理论讲解、现场实操和理论课件; 4.课时:理论2;实操8	1.培训练习要求:在实际工作不定期现场模拟练习3次以上，能熟练进行多个滑动门故障应急处理; 2.工作经验要求:掌握多个滑动门故障处理流程，个滑动门故障处理要求独立完成故障处理，并能按照门故障处理行业标准，及时发现各和安全隐患

续表

业务模块	工作事项	业务活动	技能要求	知识和规章要求	培训方法及课时	经验要求与培训效果验证
四、故障应急处理	多个滑动门应急故障处理		命令线是否松脱，并根据检查结果进行故障处理； 2.8 能检查判断开门命令持续时间是否出现开门命令线过短报警，并根据检查结果进行故障处理			
	闭锁信号中断应急处理	1. 查看关闭滑动门、应急门的数量及位置； 2. 检测行程开关故障； 3. 操作二分法回路故障检测点 4. 检测激光系统	1.1 详见初级标准； 1.2 能通过监控确认未关闭滑动门、应急门的位置，并进行故障处理； 2.1 详见初级标准； 2.2 能检测出行程开关故障点并进行更换； 3.1 详见初级标准； 3.2 能通过"二分法"检测出安全回路故障点并进行修复； 4.1 能检查判断激光故障导致闭锁信号中断，并进行相应的故障处理； 4.2 能进行激光系统收发装置的对焦调节；	1.相关规章： 《行车组织规则》——9.5 屏蔽门故障处理；《施工安全管理规定》——7 施工管理；8 进场施工组织；10 施工管理； 2.相关知识： 《屏蔽门故障处理指南》——5 闭锁信号中断故障	1.教学重点：安全门维护员闭锁信号中断应急处理内容； 2.教学方法：课堂讲授、现场情景模拟等教学方法； 3.培训资料：现场讲授要求有培训相关的材料和理论实操。现场实操和理论讲解； 4.课时：理论2；实操4	1.培训练习要求：在实际工作不定期现场模拟练习3次以上，能熟练进行闭锁信号中断应急处理； 2.工作经验要求：掌握闭锁信号中断故障处理流程，并能按照要求独立完成故障处理。工作期间认真执行作业标准，及时发现各种安全隐患。
	通信故障应急处理	1.单个DCU无法通信的故障应急处理； 2.多个DCU无法通信的故障应急处理； 3.整个侧站DCU无法通信的故障应急处理； 4.与综合监控通信故障应急处理；	1.1~1.2 详见初级标准； 1.3 能检查判断单个DCU内CAN总线是否松脱，并进行故障处理； 1.4 能检查判断单个DCU有无故障，并根据检查结果进行更换； 2.1~2.2 详见初级标准； 2.3 能检查判断多个DCU内CAN总线是否松脱，并根	1.相关规章： 《行车组织规则》——9.5 屏蔽门故障处理；《施工安全管理规定》——7 施工管理；8 进场施工组织；10 施工管理； 2.相关知识： 《屏蔽门故障处理指南》——9 通讯故障	1.教学重点：安全门维护员DCU无法通信故障处理内容； 2.教学方法：课堂讲授、现场情景模拟等教学方法； 3.培训资料：现场讲授要求有培训相关的材料和现场实操和理论讲解； 4.课时：理论2；实操4	1.培训练习要求：在实际工作不定期现场模拟练习3次以上，能熟练进行通讯故障处理； 2.工作经验要求：掌握通讯故障处理流程，并能独立完成故障处理；工作期间认真执行作业标准，及时发现各种安全隐患。

续表

业务模块	工作事项	业务活动	技能要求	知识和规章要求	培训方法及课时	经验要求与培训效果验证
四、故障应急处理	通信故障应急处理	信号故障应急处理	据检查结果进行故障处理；2.4 能检查判断多个门 DCU 有无故障，并根据检查结果进行更换；3.1～3.2 详见初级标准；3.3 能检查判断 PSC 内空开状态并根据检查结果进行故障处理；3.4 能检测判断 PSC 内 CAN 总线是否异常，并根据检查结果进行故障处理；4.1～4.3 详见初级标准；4.4 能检查判断空开状态，并根据检测判断 PSC 内 CAN 总线是否异常，并根据检查结果进行故障处理；4.5 能引出出线是否异常，并根据检查结果进行故障处理		4.课时：理论 1；实操 2	
	信号系统故障应急处理	1.信号系统故障应急处理	1.1 详见初级标准；1.2 能通过信号系统原理图检查出具体的故障点，并根据故障分析进行故障处理	1.相关规章：《行车组织规则》——9.5 屏蔽门故障处理；《施工安全管理规定》——7 进场施工管理；8 进场施工组织；10 施工组织；2.相关知识：《屏蔽门故障处理指南》——5 闭锁信号中断故障	1.教学重点：安全门维护员信号系统故障处理内容；2.教学方法：课堂讲授、现场情景模拟等教学方法；3.培训资料：现场讲解，要求有培训相关的材料和课件。现场实操和理论讲解；4.课时：理论 1；实操 1	1.培训练习要求：在实际工作不定期现场模拟练习 3 次以上，能熟练进行信号系统故障处理；2.工作经验要求：掌握信号系统故障处理流程，要能按照要求独立完成故障处理，工作期间同认真执行作业标准，及时发现各种安全隐患
	电源系统故障应急处理	1.双电源切换应急故障处理；2.驱动电源柜应急故障处理；3.控制电源柜应急故障处理	1.1 详见初级标准；1.2 能检测判断双电源切换箱是否异常，并根据检测结果做简单处理；2.1 详见初级标准	1.相关规章：《行车组织规则》——9.5 屏蔽门故障处理；《施工安全管理规定》——7 进场施工管理；8 进场施工	1.教学重点：安全门电源应急处理内容；2.教学方法：课堂讲授等教学方现场情景模拟等教学方	1.培训练习要求：在实际工作不定期现场模拟练习 3 次以上，能熟练进行电源系统故障处理；2.工作经验要求：掌握电

续表

业务模块	工作事项	业务活动	技能要求	知识和规章要求	培训方法及课时	经验要求与培训效果验证
四、故障应急处理	电源系统故障应急处理	障应急处理	2.2 能检测判断驱动柜故障点，并根据检查结果进行分析处理；3.1 详见初级标准；3.2 能检测判断控制柜故障点，并根据检查结果进行故障分析处理	10 施工组织；2.相关知识：《屏蔽门故障处理指南》——8 电源系统故障	法；3.培训资料：现场培训相关的材料和课件。现场实操和理论讲解；4.课时：理论2；实操4	源系统故障处理流程，能按照故障处理要求独立完成认同各种作业标准，及时发现各种安全隐患
	端门故障应急处理	1.端门状态监控；2.端门无法锁上的故障处理；3.端门无法打开的故障处理	1.1～1.3 详见初级标准；1.4 能检查判断锁舌是否项到位，并根据检查结果进行锁杆调节；1.5 能检查判断行程开关是否损坏，并根据检查结果进行更换处理；1.6 能检测检查线路是否松动，并根据检测结果进行故障处理；2.1～2.2 详见初级标准；2.3 能判断端门固定螺丝是否松动，并根据判断结果进行故障处理；2.4 能判断锁杆内部结构是否错位，并根据判断结果进行锁杆调整；2.5 能配合完成端门锁的拆装及调试；3.1～3.2 详见初级标准；3.3 能判断端门固定螺丝是否松动，并根据判断结果进行故障处理；3.4 能判断锁杆内部结构是否错位，并根据判断结果进行锁杆调整；3.5 能配合完成端门锁杆的拆装及调试	1.相关规章：《行车组织规则》——9.5 屏蔽门故障处理；《施工安全管理规定》——7 施工管理；8 进场施工管理；10 施工组织；2.相关知识：《屏蔽门故障处理指南》——6 端门锁故障	1.教学重点：安全门维护员端门故障应急处理内容；2.教学方法：课堂讲授、现场情景模拟等教学方法；3.培训资料：现场讲授的材料和课件。现场实操和理论讲解；4.课时：理论2；实操8	1.培训练习要求：在实际工作不定期现场模拟练习3次以上，能熟练进行端门故障应急处理；2.工作经验要求：掌握端门故障处理流程，并能按照门故障处理要求独立完成认同各种作业标准，及时发现安全隐患

续表

业务模块	工作事项	业务活动	技能要求	知识和规章要求	培训方法及课时	经验要求与培训效果验证
	门体玻璃破碎应急处理	1.应急门、滑动门玻璃破碎应急处理； 2.固定门玻璃破碎应急处理； 3.端门玻璃破碎应急处理	1.1～1.3 详见初级标准； 1.4 能独立完成应急门、滑动门门体的拆装及调试； 2.1～2.3 详见初级标准； 2.4 能独立完成固定门门体的拆装； 3.1 详见初级标准 3.2 能独立完成端门门体的拆装及调试	1.相关规章： 《行车组织规则》——9.5 屏蔽门故障处理；《施工管理规定》——7 施工安全管理；8 进场施工管理；10 施工组织； 2.相关知识： 《屏蔽门故障处理指南》——11 门体玻璃破碎；《屏蔽门体龟裂或破碎现场处置方案》	1.教学重点：安全门维护员门体玻璃破碎应急处理； 2.教学方法：课堂讲授、现场情景模拟等教学方法； 3.培训资料：现场讲授相关的材料和要求有培训相关实操和理论讲课件；现场实操和理论讲解。 4.课时：理论 1；实操 4	1.培训练习要求：在实际工作不定期现场模拟练习2次以上，能熟练进行门体玻璃破碎应急处理； 2.工作经验要求：掌握门体玻璃破碎应急处理流程，并能按照要求独立完成故障处理；工作期间认真执行作业标准，及时发现各种现场安全隐患
四、故障应急处理	人为操作应急故障处理	1.PSL、IBP 操作不当导致开关门异常导致的故障的处理； 2.乘客轨行侧手动解锁打开滑动门导致开关门异常导致的故障的处理； 3.乘客冲撞滑动门导致开关门异常导致的故障的处理； 4.夹人夹物导致开关门异常导致的故障进行应急处理	1.1～1.2 详见初级标准； 1.3 能通过分析判断，对故障门进行修复处理； 2.1～2.2 详见初级标准； 2.3 能根据检查结果，对故障门进行修复处理； 3.1～3.2 详见初级标准； 3.3 能根据检查结果，对故障门进行修复处理； 4.1～4.2 详见初级标准； 4.3 能根据检查结果，对故障门进行修复处理	1.相关规章： 《行车组织规则》——9.5 屏蔽门故障处理； 2.相关知识： 《屏蔽门设备故障现场处理方案》	1.教学重点：安全门维护员 PSL、IBP 操作不当处理内容； 2.教学方法：课堂讲授、现场情景模拟等教学方法； 3.培训资料：现场讲授相关培训相关的材料和要求有培训相关实操和理论讲课件；现场实操和理论讲解。 4.课时：理论 1；实操 2	1.培训练习要求：在实际工作不定期现场模拟练习2次以上，能熟练进行人为操作故障处理； 2.工作经验要求：掌握人为操作故障处理流程，并能按照要求独立完成故障处理，工作期间认真执行作业标准，及时发现各种安全隐患

续表

业务模块	工作事项	业务活动	技能要求	知识和规章要求	培训方法及课时	经验要求与培训效果验证
五、突发事件处理	自然灾害	1.恶劣天气应急处理	1.1~1.5 详见初级标准	1.相关规章： 《行车组织规则》——9.5 屏蔽门故障处理； 2.相关知识： 《屏蔽门设备故障现场处理方案》	1.教学重点：安全门维护员自然灾害处理内容； 2.教学方法：课堂讲授、现场情景模拟等教学方法； 3.培训资料：现场讲授、现场实操的材料和理论讲解； 4.课时：理论1；实操1	1.培训练习要求：在实际工作不定期现场模拟练习2次以上，能熟练进行突发事件处理； 2.工作经验要求：掌握自然灾害类事件的应急处理流程，并按照要求独立完成应急处理；工作期间认真执行作业标准，及时发现各种安全隐患
	火灾	1.设备房火灾应急处理	1.1~1.5 详见初级标准		1.教学重点：安全门维护员火灾处理内容； 2.教学方法：课堂讲授、现场情景模拟等教学方法； 3.培训资料：现场讲授、现场实操的材料和理论讲解； 4.课时：理论1；实操1	

参考文献

[1] 何宗华，汪松滋，何其光. 城市轨道交通车站机电设备运行与维修[M]. 中国建筑工业出版社，2005.

[2] 何文，等. 城市轨道交通概况[M]. 北京：中国劳动社会保障出版社，2009.

[3] 孙有望，李云清. 城市轨道交通概论[M]. 北京：中国铁道出版社，2000.